NEURO-LEADERSHIP IN SALES

Gehirngerechte Führung als Erfolgsfaktor im Vertrieb

NEURO-LEADERSHIP IN SALES

Gehirngerechte Führung als Erfolgsfaktor im Vertrieb

von

Alicja Techmanska

Impressum

1. Auflage 2021
ISBN: 978-9-403-62763-2

Verlagsportal: Bookmundo ein Service von Mijnbestseller Nederland B.V. | Delftestraat 33 | 3013AE Rotterdam
Gedruckt in Deutschland

Coverbild: Adobe Stock/Inna: https://stock.adobe.com/de/images/futuristic-brain-activity-concept-with-glowing-low-polygonal-human-brain-and-neuron-synapses/309350166.

Die Deutsche Nationalbibliothek verzeichnet diese Publikation in der Deutschen Nationalbibliografie; detaillierte bibliografische Daten sind im Internet über dnb.dnb.de abrufbar.

Vorwort:

In der Wirtschaftskrise 2020, die durch den Ausbruch der COVID-19-Pandemie verursacht wurde, kommt es zu dynamischen Veränderungen in der Wirtschaft als auch in der Gesellschaft. Die Digitalisierung erreicht einen Entwicklungssprung, die Komplexität, Vieldeutigkeit und vor allem die Unvorhersehbarkeit in der Arbeitswelt nehmen zu. Das alles zwingt die Unternehmen innovative Lösungen für den Selbsterhalt in der Krise zu suchen. Viele Bedürfnisse der Menschen bleiben jedoch in der Krisenzeit unerfüllt. Einige kämpfen um den Erhalt der finanziellen Existenz, andere leiden unter sozialem Entzug, fehlenden sozialen Beziehungen und eingeschränkten Möglichkeiten für Freizeitaktivitäten und zwischenmenschliche Interaktionen. Die technologische Entwicklung und Umstellung auf neue digitale Arbeitsweisen sind in fast jedem Bereich der Organisationen unvermeidbar. Bei vielen führt dieses Ausmaß der Veränderungen und Geschwindigkeit zur Überforderung. Bei all diesen Veränderungen spielt die Führung der Mitarbeiter eine wichtige Rolle. Somit verstärkt sich die Motivation für weitere wissenschaftliche Forschungen in diesem Bereich. In diesem Buch rückt das Thema gehirngerechte Führung in den Vordergrund, indem die Erfüllung der neurologischen und psychologischen Grundbedürfnisse der Mitarbeiter als Erfolgsfaktor vor allem im Vertrieb angenommen wird.

In diesem Buch werden die wichtigsten Informationen zusammengefasst, die den Salesmanagern einen Perspektivwechsel ermöglichen. Es handelt sich hier nicht in erster Linie um Konzepte und Modelle für bessere Führung, sondern um ein Verständnis für die neurologischen und psychologischen Prozesse, um sich selbst in der Führungsrolle besser zu verstehen und die Mitarbeiter mit all deren Bedürfnissen ganzheitlicher wahrzunehmen. In diesem Buch werden viele theoretischen Grundlagen dargestellt, die biologische Prozesse im Gehirn erklären, als auch viele Praxisbeispiele aus dem Vertrieb, die den Praxistransfer von konkreten Handlungen veranschaulichen. Mit diesem Buch können die Salesmanager die Führungsaufgabe ganzheitlich betrachten und aus ihm viele Inspirationen für die zwischenmenschlichen Interaktionen schöpfen.

Bad Nenndorf, im Juli 2021

Alicja Techmanska, M.Sc.

Inhaltsverzeichnis

Anmerkung

In dem vorliegenden Buch wurde aufgrund der besseren Lesbarkeit des Textes die männliche Schreibweise der Begriffe verwendet. Weiterhin wurde für eine möglichst einfache Lesart des Textes auf eine Aufzählung beider Geschlechter, die Verbindung beider Geschlechter in einem Wort sowie auf eine Schreibweise, in der nur die weiblichen Begriffe verwendet werden, verzichtet. Es wird betont, dass bei den allgemeinen personenbezogenen Ausführungen stets beide Geschlechter gemeint sind und Frauen weder benachteiligt noch diskriminiert werden sollen.

1 EINLEITUNG

Im Jahr 2020 erlebte die Gesellschaft einen wirtschaftlichen Umbruch, der durch die Auswirkungen der COVID-19-Pandemie entstand. Die weltweite Ausbreitung des Corona-Virus hat die Weltwirtschaft plötzlich vor neue und unvorhersehbare Herausforderungen gestellt. Die Pandemie hatte einen enormen Einfluss auf die wirtschaftliche und technologische Entwicklung in den letzten Monaten. Der Selbsterhalt als übergeordnetes Ziel aller Unternehmen hat noch stärker in der Wirtschaftskrise an Bedeutung gewonnen. Die Unternehmen müssen noch intensiver nach Erzielung von Gewinnen durch Deckung des Bedarfs der Kunden an Waren und Dienstleistungen streben, was in der Pandemiezeit eine große Herausforderung darstellt. Das deutsche Bruttorealeinkommen (BIP) sank bereits im 2. Quartal 2020 um 9,7 % und mit diesem Ergebnis stellte es den stärksten wirtschaftlichen Einbruch seiner Geschichte (DGB, 2021) dar. Diese wirtschaftlichen Entwicklungen bringen viele Folgen mit sich. Die Coronakrise wird bereits als Verstärker für die soziale Ungleichheit in Deutschland angesehen. Die Geringverdiener haben finanzielle Einbußen erlitten, währenddessen die Besserverdiener finanziell fast unbeschadet durch die Pandemie kamen (DGB, 2021). Die Pandemie hat zu vielen neuen Veränderungen beigetragen und gleichzeitig die bestehenden Trends noch verstärkt oder beschleunigt. Zu diesen Trends gehört beispielsweise die Digitalisierung.

Die technologische Entwicklung, die seit ein paar Jahren dynamisch wächst, hat durch den Ausbruch der Pandemie in einigen Bereichen deutlich zugenommen. Technologische Veränderungen, wandelnde Rahmenbedingungen, enorme

Komplexitätszunahme, Eingrenzung der Sozialkontakte durch Lockdown-Maßnahmen als auch die Umstellung der Arbeitsweisen auf Homeoffice stellen die Gesellschaft unter zahlreiche neue Herausforderungen. Das alles erhöht ebenfalls enorm die Anforderung an die Führungskräfte, die einen bedeutsamen Einfluss auf den Erfolg des Unternehmens haben und somit ebenfalls eine Schlüsselrolle für die weitere Entwicklung des Unternehmens haben. Dazu kommt der immer größere Mangel an fachlichem Personal, was die Unternehmen dazu zwingt, innovative Lösungen für das Personalmanagement zu suchen, um kompetente und leistungsstarke Mitarbeiter zu entwickeln und halten zu können (Müller, 2020). Die Entwicklung der Führungskonzepte und das Streben nach Optimierung der Management-Ansätze um die Leistung, Gesundheit, Zufriedenheit, Motivation und Produktivität der Mitarbeiter zu steigern, war immer eine wichtige Aufgabe der Wissenschaft und der unternehmerischen Praxis. Besonders in der Wirtschaftskrise nimmt die Managemententwicklung an Bedeutung zu. Vor allem rücken in der Pandemiezeit im unternehmerischen Kontext folgende Themen in den Vordergrund: wie die persönlichen Bedürfnisse der Mitarbeiter befriedigt oder Angesicht der neuen Umstände aufrechterhalten werden können. In einer Studie von Reinhardt (2014) wurde nachgewiesen, dass die Befriedigung der Grundbedürfnisse der Menschen (Konsistenz) sowohl im privatem als auch im beruflichen Leben eine große Rolle spielt. Die Menschen streben genauso stark im beruflichen Leben nach Erhaltung des psychischen Wohlbefindens wie im Privatleben. Im letzten Jahrhundert haben die Unternehmen sehr viele Instrumente, Konzepte, Systeme und Prozesse eingeführt, die zur Steigerung der Effizienz bei der Arbeit geführt haben. Trotzt all diesen Verbesserungen und zahlreichen neuen Management-Ansätzen sind die meisten Unternehmen heutzutage nach Stoffel (2016) immer noch eindimensional organisiert: „Jeder Bereich, egal, ob Produktion, Forschung und Entwicklung oder Vertrieb, wird identisch und in den meisten Fällen in der klassischen Top-Down-Struktur geführt.“ (Stoffel, 2016, S. 208). In diesem Zusammenhang ist gemeint, dass das Management immer noch die Strategie vorgibt, die die Mitarbeiter umsetzen müssen. In der heutigen Zeit sind die Flexibilität, Agilität und schnelle Anpassung an Marktgegebenheiten wichtiger als je zuvor und somit haben alte Strukturen, strikte Vorgaben und Kontrollen keine Zukunftsaussichten mehr. Zu den Herausforderungen der Wirtschaftskrise, die im Jahr 2020 begonnen hat gehören noch weitere Einflussfaktoren in der Gesellschaft, die eine Überdenkung der Arbeitsweisen und Suche nach innovativen Lösungen begründen. Zu den Herausforderungen gehören: die VUKA-Welt und die rasch fortstreitende Digitalisierung. Die beiden Einflüsse werden in den folgenden Unterkapitel genauer erklärt.

1.1 DIE VUCA-WELT

VUCA stellt ein Akronym für Volatility (Unbeständigkeit), Uncertainty (Unsicherheit), Complexity (Komplexität) und Ambiguity (Vieldeutigkeit) dar. Dörr, Albo und Monastiridis (2018) beschreiben den unternehmerischen Alltag als hoch komplex, unsicher und unberechenbar: „Häufig wechselnde Rahmenbedingungen, rasant steigende Komplexität, neue Technologien, radikale Umbrüche im Kundenverhalten, individualisierte Kundenansprüche, Globalisierung und Dynamisierung in Märkten schaffen ein Unternehmensumfeld, das in Wirtschaft und Management mit dem Akronym VUCA umschrieben wird" (Dörr, Albo & Monastiridis, 2018, S. 39). Mit der Unbeständigkeit sind die kurzen und sprunghaften Entwicklungen und Trends in der Wirtschaft gemeint, die durch die Globalisierung, intensiven und umfangreichen Informationenaustausch und Transparenz entstehen. Somit steht die Innovation als kritischer Erfolgsfaktor im Vordergrund. Unsicherheit deutet auf die fehlende Berechenbarkeit der zukünftigen Entwicklungen hin. Die Bedürfnisse der Kunden, Angebots- und Nachfrage und die Entwicklungen der Wettbewerber sind nicht mehr prognostizierbar. Das führt dazu, dass die Zukunft weniger planbar ist und die strategischen Entscheidungen immer schwieriger zu treffen werden (Dörr, Albo & Monastiridis 2018). Die Komplexität stellt alle Verbindungen und Verkettungen von Informationen und Prozessen dar, die heutzutage die Arbeitsbedingungen bestimmen. Verschiedene Dimensionen und wechselhafte Perspektiven vermischen sich und nehmen den Unternehmen einen verlässlichen Rahmen ab. Zuletzt beschreibt die VUCA-Welt die Vieldeutigkeit der Ereignisse und Informationen. Führung ist heutzutage mit vielen Wiedersprüchen behaftet und dafür brauchen die Unternehmen eine hohe Agilität, Kreativität und vor allem die Fehlertoleranz.

1.2 DIGITALISIERUNG

Die Digitalisierung als einer der Megatrends begleitet die Unternehmen schon seit längerer Zeit. Dieser Trend wurde mit der Einwicklung durch die COVID-19-Pandemie noch rasant beschleunigt. Die Veränderungen in den Kommunikations- und Informationstechnologien haben einen nachhaltigen Einfluss auf die Wirtschaft und somit auch Gesellschaft (Becker & Knop, 2015). Die Unternehmen und die Geschäftsmodelle sind im ständigen Wandel, die Arbeitsorganisation und Rahmenbedingungen im Tagesgeschäft bei vielen Arbeitsplätzen verändern sich nach und nach (Dietz, 2016). Zentral für die Digitalisierung werden die Big-Data-Banken benannt, die die gesamte Dateninfrastruktur aufrechterhalten. Unter dem Begriff „Big-Data“ werden neue Methoden der Informationsbeschaffung, Speicherung, Analyse der gewonnenen Daten und deren Nutzung genannt, die einen großen Einfluss auf die zukünftigen strategischen Entscheidungen und Entwicklungen im Unternehmen haben werden (Schwarzmüller, Brosi & Welpe 2015). Diese Entwicklungen stellen sowohl für die Mitarbeiter als auch für die Führungskräfte vor neue Anforderungen und erfordern neue Kompetenzen. Die Führungskräfte müssen nicht nur ein Verständnis für technologische Entwicklungen und Funktionen der neuen Instrumente entwickeln, sondern sie stehen auch vor der Herausforderung, die kulturellen und sozialen Auswirkungen der Technologien in der unternehmerischen Praxis zu managen, um den Mitarbeitern eine angemessene Unterstützung und Orientierung zu geben (Ciesielski & Schutz, 2016).

Die aktuelle Situation führt dazu, dass sowohl Mitarbeiter als auch Führungskräfte aufgefordert sind Hochleistung zu erbringen. Unter diesen erschwerten Krise-Bedingungen erhöhen sich sowohl die Mitarbeitererwartungen als auch die Erwartungen der Führungskräfte. Diese Erkenntnisse und die neusten wirtschaftlichen Herausforderungen zwingen die Wissenschaft als auch Unternehmenspraxis dazu, innovative Führungskonzepte genauer und aus unterschiedlichen Blickwinkeln zu überprüfen und neue Lösungen zu implementieren. Diese Bemühungen sollten einerseits die psychische und physische Gesundheit der Mitarbeiter in der Krisenzeit unterstützen und aufrechterhalten, anderseits sollten die neuen Konzepte die Leistung, Effizienz und Agilität der Organisation verbessern und somit die Erhaltung der Wirtschaftlichkeit gewährleisten. Einer der Möglichkeiten für den Einsatz innovativer Führungsmethoden stellen die gehirngerechten Führungsprinzipien und Neuroleadership-Ansätze dar, die in diesem Buch eine zentrale Rolle spielen.

Die bisherigen neurologischen Forschungen im Bereich der Mitarbeiterführung liefern viele Erkenntnisse, welche neurologischen Bedürfnisse Mitarbeiter haben und wie Führungskräfte diese Bedürfnisse erfüllen können. In einer Gallup-Studie (Nink, 2018) wurde nachgewiesen, dass viele Führungskräfte in Unternehmen immer noch nach den alten Mustern von Macht und Autorität arbeiten. Neuroleadership stellt dagegen eine andere Perspektive der innovativen Führung dar. In Studien von Reinhardt (2014) wurde nachgewiesen, dass die Berücksichtigung der Neuroleadership-Prinzipien bei dem täglichen Umgang mit den Mitarbeitern zur Steigerung des unternehmerischen Erfolgs führt. Aus den Neuroleadership-Prinzipien werden in der Wirtschaft und in der unternehmerischen Praxis immer mehr Ansätze abgeleitet, die moderne Führungskonzepte darstellen. Der erste Ansatz von Neuroleadership wurde im Jahr 2008 unter der Namen SCRAF-Model von Rock und Schwartz veröffentlicht. Kurz danach sind weitere Konzepte von zahlreichen anderen Wissenschaftlern entstanden, wie z.B. Supportive Leadership nach Hüther (2009), Neurocoaching nach Rock und Page (2009), Neurocoaching nach Pillay (2011), Neurochange Management nach Schwartz, Giato und

Lennick (2011) und Neuroleadership nach Peters und Ghadiri (2013).

Die Führung unter der Berücksichtigung der neurologischen Bedürfnisse betrifft mehr eine Führungshaltung und das Verhalten der Führungskräfte. Weniger betrifft Neuroleadership eine prozessuale oder organisatorische Veränderung in der Organisation. Bei Neuroleadership geht es um die Erschaffung der optimalen Rahmenbedingungen für die Mitarbeiter, damit deren psychologische und neurologische Bedürfnisse erfüllt werden können. Es werden somit die Ansätze für Einflussnahme der Mitarbeiter gewählt, die ihr Verhalten auf die Organisationsziele unter der Berücksichtigung deren Erwartungen und Bedürfnissen ausrichten.

1.3 MANAGEMENT VON VERTRIEBSORGANISATION

Damit der Einstieg in die Thematik Neuroleadership in Sales gut gelingt, bedarf es eines klaren Verständnisses für eine Vertriebsorganisation und einer üblichen Abgrenzung des Marketings vom Vertrieb. Marketing ist in der Literatur weitgehend als eine Organisationseinheit zu verstehen, die für die strategische Konzepte für den Absatz der Produkte und Dienstleistungen auf Basis fundierter Marktanalysen verantwortlich ist (Baumgarth & Binckebanck, 2011). Die Vertriebsorganisation ist für die Umsetzung dieser Strategien in der Distribution verantwortlich (Kotler, Keller, & Bliemel, 2007; Rouziès et al. 2005). Somit ist der Vertrieb aus der klassischen Sicht als eine operative Aufgabe zu verstehen (Backhaus, Budt & Neun, 2011). Angesichts der zahlreichen Veränderungen unter dem Einfluss der pandemiebedingten Wirtschaftskrise ist die Zuschreibung der rein operativen Rolle zu dem Vertrieb nicht mehr zeitgemäß. Die Hauptaufgabe des Marketings und des Vertriebs sollte vor allem nicht nur auf den kurzfristigen Phänomenen basieren, sondern auf den strategisch gesehen langfristigen fundamental wirkenden zukünftigen Trends. Diese Trends ließen sich bereits vor der Pandemie in der Wirtschaft beobachten und wurden durch die Pandemie noch bedeutungsvoller.

Die Führung im Vertrieb basiert vor allem auf der Steuerung der persönlichen Vertriebsfähigkeiten der Mitarbeiter und das Management der Vertriebsorganisation basiert auf der Gestaltung des Vertriebssystems, das die Auswahl der Strukturen, Prozesse, Kanäle und die Distribution beinhaltet (vgl. Dannenberg und Zupancic 2008). Der Begriff „Verkauf" ist klassischerweise als ein Phänomen der zwischenmenschlichen Interaktionen zu verstehen, bei denen ein ökonomischer Austausch stattfindet, um ein Mehrwert zu generieren (Dixon & Tanner Jr. 2012, S. 10). Im Sales-Management sind die aktuellen Trends und Veränderungen von zentraler Bedeutung, um eben wie in der Definition den Kunden einen Mehrwert vermitteln zu können. Bedingt durch die Pandemie und durch die allgemeine Wirtschaftsentwicklung beeinflussen viele Veränderungen die Herangehensweise und die Best Practice im Vertrieb. Im Folgenden werden die wichtigsten Veränderungen dargestellt (vgl. Baumgarth & Binckebanck 2011a; LaForge et al. 2009; Evans et al. 2012):

- **Dienstleistungsfokus** – Seit vielen Jahren spricht man in der Wirtschaft von der „service-centered-logic", indem die tangiblen Produkte zusammen mit den Dienstleistungen nicht mehr getrennt voneinander gehalten werden sollten (Vargo und Lusch 2004). In diesem Zusammenhang ist die Intensivierung der Dienstleistungen in der Vertriebsstrategie wie hochspezialisierte Beratung, Produkt-Know-how, Prozessmanagement und kooperative Wertschöpfung zwischen Lieferanten und Kunden von zentraler Bedeutung.

- **Steigende Kundenansprüche** – Neben den steigenden Ansprüchen an Qualität der Produkte, nachhaltigen Rohstoffen und Produktionsprozessen als auch den Dienstleistungen nimmt auch die Skepsis gegenüber der Vertriebsaktivitäten zu. In den Zeiten der totalen Preistransparenz und fortschreitenden Globalisierung steht der Aufbau der stabilen Geschäftsbeziehungen im Vordergrund. Die kostenbetriebene und transaktionsorientierte Beschaffung evaluiert in die beziehungsbasierte Geschäftspartnerschaft zwischen den Kunden und Lieferanten. Für viele Kunden übernimmt eben der Vertrieb die Aufgabe der Wertgenerators (Stakeholder Value) und ist in dieser Rolle wichtiger und effektiver als das Marketing.

- **Organisatorischer Wandel –** Durch die Komplexität der Märkte und durch den starken Wettbewerbsdruck verändert sich auch die Unternehmerorganisation. Die steilen Hierarchien evaluieren in die Kernprozesse mit Aufbau der Kompetenzen für funktionsübergreifende Zusammenarbeit. In der Vertriebsorganisation ist die Veränderung vor allem in den Entlohnungssystemen sowie

Verkaufsprozessen und in der Anpassung des strategischen Fokus zu beobachten.

- **Einfluss der Digitalisierung** – Dieser Einfluss wurde bereits in der Einleitung beschrieben. Hier wird noch konkret auf die vertriebsspezifischen Veränderungen eingegangen. Die technologische Entwicklung hat vor allem einen enormen Einfluss auf das Management von Kundenbeziehungen (Hunter und Perreault 2007). Somit werden die Verkaufsprozesse durch viele CRM-Systeme so weit unterstützt, dass diese keinem festen Schema mehr zugeordnet werden, sondern in strategische Projekte umgewandelt werden. Als zentraler Begriff gilt jetzt ein Omni- und Multichannel-Vertrieb, der den persönlichen Verkauf allmählich ersetzen soll (vgl. Lane und Piercy 2009). Zusätzlich spielen die Social-Media-Kanäle und alle weiteren internetbasierten Interaktionsformen, z.B. Videokonferenzen, eine große Rolle. Vor über 20 Jahren entwickelte sich ein Trend für Sales-Force-Automation-Systeme, die alle vertrieblichen Prozessschritte abgebildet und nachverfolgt haben, um am Ende eine standarisierte (automatische) Kundenmanagementstrategie vorzugeben. Diese Systeme wurden jedoch schnell aufgrund der Dynamik des Marktes als strategisch nicht mehr sinnvoll angesehen (vgl. Marshall et al. 1999).

Mit all diesen Veränderungen stehen die meisten Organisationen unter einem Transformationsdruck. Ein entscheidender Erfolgsfaktor bei diesen Veränderungen ist die Ausarbeitung der wichtigsten Kernkompetenzen für die

Vertriebsorganisation. Dieser Fokus erlaubt einer Vertriebsorganisation eine gute Orientierung in der herrschenden Komplexität des Absatzmarktes. Die Kernkompetenzen können sich aus mehreren Faktoren zusammensetzen, beispielweise (Belz & Reinhold, 2012):

- Sicherung des Kundenservices durch eine Problemlösung, Beratung und Wissenstransfers,
- Entwicklung von Produkten und Dienstleistungen, die schwer von der Konkurrenz imitierbar sind,
- Unterstützung des Wachstums anderer Unternehmen (besonders im B2B-Bereich),
- spezifische Fachkompetenzen, die nicht für alle zugänglich sind,
- Ermöglichung von neuen Geschäftsmodellen.

Die Wettbewerbsdifferenzierung kann strategisch eingesetzt werden, wenn solche Kernkompetenzen bereits vorhanden sind. Im Rahmen der Wettbewerbsdifferenzierung können vor allem die Flexibilität, Individualität der Leistungen, Informationen und Schnelligkeit, Problemlösungsfähigkeit und Image eingesetzt werden (Homburg, Schäfer, & Schneider, 2010). Eine wichtige Rolle spielt in diesem Zusammenhang das Management der Mitarbeiter, um die Kernkompetenzen nicht nur über verschiedene Marketingkanäle, sondern auch authentisch durch Vertriebsmitarbeiter im direkten Kundenkontakt rüberzubringen. Folgende Management-Aufgaben müssen somit ebenfalls berücksichtigt werden:

Vertriebsprofile und Aufgaben selektieren – Das Management bestimmt die Anforderungsprofile der Vertriebsmitarbeiter und die zu erfüllenden Aufgaben. Im Idealfall hat ein guter Vertriebsmitarbeiter die richtigen

Branchenkenntnisse, Kunden-Know-how, Vertriebsfähigkeiten, passende Persönlichkeit, Projekt-Kenntnisse usw. Auf der anderen Seite trägt das Management auch die volle Verantwortung für die Selektion der Mannschaft und Bestimmung der Größe der Vertriebsorganisation. Eine wichtige Rolle spielt ebenfalls die Differenzierung der Vertriebsprofile und **Verteilung der unterschiedlichen Rollen** innerhalb der Vertriebsorganisation.

In der direkten Führung der Vertriebsmitarbeiter ist es entscheidend, dass die intrinsische und extrinsische Motivation der Mitarbeiter erst mal gewonnen und dann richtig eingesetzt wird. Die **Gewinnung der Motivation** gelingt durch die Art der Aufgaben, Management by Objektives, Provisionssysteme, Wettbewerbe, Lob und Anerkennung, spezielle Auszeichnungen wie „Mitarbeiter des Jahres" oder Beförderungsstufen. Zu definieren ist an dieser Stelle auch der besondere **Umgang mit den Top-Vertrieblern** und somit die Art der Anerkennung als auch der **Umgang mit dem Durchschnitt**. Zu der motivierenden (oder demotivierenden) Aspekte zählen noch die Ziele und die Art der Kontrolle der Zielerreichung.

Einen weiteren Baustein der Vertriebsstrategie stellt das **Coaching und die Weiterentwicklung** der Vertriebsmitarbeiter dar. Dazu gehören Einführungsschulungen, Entwicklungsschulungen, Coaching der Mitarbeiter vor Ort mit gemeinsamen Kundenbesuchen, Best Practice im Verkauf, Fallberatung usw.

Die Vertriebsarbeit unter Berücksichtigung dieser Faktoren verläuft nicht immer reibungslos. Es gibt im Alltag viele Störfaktoren, welche die Zielerreichung verhindern. Das Management beruht also nicht nur auf dem Streben nach Exzellenz durch neue Ansätze, sondern auch auf der Eliminierung von vielen

Störfaktoren. Manchmal stellt die Eliminierung des Überflüssigen den größten Hebel dar. Im Vertrieb zählt selbstverständlich der Verkauf zur Grundfunktion dieses Berufes (Winkelmann, 2012). Somit gilt die aktive Verkaufszeit während der Interaktionen mit den Kunden als Kerntätigkeit und stellt den größten Erfolgshebel dar. In der Praxis wird jedoch diese Kerntätigkeit durch viele andere Nebensachen unterbrochen, was die Effektivität und Effizienz der vertrieblichen Tätigkeiten deutlich reduzieret und den Leistungsdruck steigert. Diese Ablenkungen und Störfaktoren betreffen eine Vielzahl von Zielen, Prozessen und administrativen Aufgaben. Die Ziele sind nicht selten inhaltlich widersprüchlich. Die Entlohnung ist meistens auf kurzfristige und quantitative und nicht auf die langfristigen strategischen Unternehmensziele ausgerichtet.

All diese Faktoren beeinflussen das Kaufverhalten der Kunden und stellen zahlreiche Herausforderungen für die Vertriebsorganisationen dar. In den Zeiten der Überflutung von Informationen sind die Kunden meistens mit der Vielfältigkeit an Lösungen und Varianten überfordert und brauchen die Unterstützung bei der Filterung der richtigen Informationen, um gute Entscheidungen zu treffen. Somit ist eine der zentralen Rollen eines Vertriebsmitarbeiters die Rolle des Informationsblockers und Beraters. Dafür müssen die Mitarbeiter ein Verständnis für diese neue Rolle entwickeln, die nicht mehr darauf beruht, den Kunden alles zu zeigen und zu präsentieren was es gibt, sondern aus der Vielfalt der Varianten das Richtige für ihn auszuwählen. Dabei müssen die Mitarbeiter genügend motiviert dazu sein, die eignen Ressourcen an den richtigen Stellen einzusetzen. Das ist der Kern der vertrieblichen Entwicklung und somit stellt die Führung der Mitarbeiter im Vertrieb eine sehr wichtige Säule des unternehmerischen Erfolgs dar. Nun ist es wichtig zu erwähnen, wie sich der Erfolg im Vertrieb überhaupt definieren lässt und was sich dahinter noch versteckt.

In dem folgenden Kapitel werden die wichtigsten Erfolgsfaktoren im Vertrieb dargestellt und die unterschiedlichen Maßnahmen für das Management analysiert.

2 ERFOLG UND FÜHRUNG IM VERTRIEB

Die Effektivität und Effizienz der vertrieblichen Aktivitäten ist ein großer Treiber für den unternehmerischen Erfolg. In der Literatur findet man einen aufschlussreichen Begriff, der den Vertrieb als „Speerspitze des Marketings" beschreibt. Für die Schärfe der Speerspitze sind hauptsächlich die Führungskräfte verantwortlich, weil sie in erster Linie durch die erfolgreiche Mitarbeiterauswahl die erste Selektion für den vertrieblichen Erfolg vornehmen und in zweiter Linie den Erfolg durch Mitarbeiterentwicklung, Coaching und Mentoring steigern können. Natürlich beeinflussen auch die internen Prozesse des Unternehmens die Effektivität dieser Entwicklungen. Je nachdem, wie groß eine Vertriebsorganisation ist, können bereits die kleinsten Veränderungen große Effekte bewirken. Laut einer Studie der DDI (2011), in der über 12.000 Manager befragt wurden, hat nur ein Drittel der Manager die Führungsqualität im Vertrieb als gut oder sehr gut bewertet, die restlichen 70 % geben zu, dass die Führung einen Verbesserungsbedarf hat. In der gleichen Studie haben 60 % der Manager auch zugegeben, dass die Entwicklungsmaßnahmen im Unternehmen nicht zufriedenstellend sind. Diese Studie bestätigt, dass es noch sehr viele unausgeschöpfte Potenziale im Vertrieb gibt, die man durch Verbesserung der Führungskompetenzen weiterentwickeln kann.

Der Erfolg im Vertrieb kann unterschiedlich ausgewertet werden. Sowohl kann er mithilfe von den messbaren Leistungsaspekten wie zum Beispiel die Umsatzzielerreichung oder Fluktuation abgebildet werden als auch durch die subjektiven

Aspekte, wie beispielweise Qualität der Kundenbeziehungen oder Mitarbeiterzufriedenheit. Typisch für den Vertriebsaußendienst ist in diesem Zusammenhang die leistungsorientierte Vergütung. Das Monatsgehalt eines Vertriebsmitarbeiters besteht meistens aus fixen und variablen Anteilen. Für die Erreichung der Umsatzziele bekommen die meisten Mitarbeiter in dem klassischen Vertrieb zu dem fixen Gehaltanteil zusätzlich eine Provision. Die Provision stellt einen bestimmten monetären Anreiz für die Steigerung der extrinsischen Motivation dar. Die leistungsorientierte variable Vergütung im Vertrieb führt zu den wesentlichen Unterschieden in der Führung der Mitarbeiter im Vertrieb im Vergleich zur Führung der Mitarbeiter, die keine leistungsorientierte Vergütung bekommen. Der Vorteil des variablen Einkommensanteils ist die Annahme, dass dieses ein wirksamer Leistungsanreiz ist, der eine hohe Leistungsbereitschaft bewirkt. In einer Studie des Bundesministeriums für Arbeit und Soziales wurden die Auswirkungen der variablen Einkommenseinteilen gemessen. Die Studie zeigt, dass variables Vergütungssystem unabhängig von seiner Ausgestaltung und Zielsetzung einerseits zur Steigerung der Kooperationsbereitschaft führt, anderseits sinkt es das affektive Commitment der Mitarbeiter, das als emotionale Verbundenheit und Identifizierung mit dem Arbeitgeber zu verstehen ist (Kampkötter, Sliwka, Butschek, Petters, & Grunau, 2018). In der gleichen Studie wurde auch ein negativer Einfluss des Vergütungsbeitrags für die individuelle Leistung der Mitarbeiter auf deren Zufriedenheit erwiesen (Kampkötter, Sliwka, Butschek, Petters, & Grunau, 2018). Das variable Vergütungssystem sollte zur Steigerung des Eigeninteresses des Mitarbeiters an einer erfolgreichen Selbststeuerung der Vertriebsarbeit führen. Außer den variablen Vergütungssystemen und somit den monetären Anreizen gibt es im Vertrieb viele andere Möglichkeiten, die

Leistung und Motivation der Mitarbeiter zu stärken. Eine von diesen Möglichkeiten stellt die Führungsqualität dar und wird in diesem Buch als Erfolgshebel angesehen.

In diesem Buch handelt es sich vor allem um ein neues Führungsverständnis, das die Interaktionen mit dem Mitarbeiter um zahlreiche bewusst wahrgenommene Aspekte ergänzt und somit die herrschende Kultur positiv beeinflusst. Das alles sollte sowohl das Potenzial der Mitarbeiter steigern als auch zum unternehmerischen Erfolg führen. Hierzu ergibt sich die Frage: Wie kann man die Führungsqualitäten im Vertrieb in der aktuellen Situation verbessern und welche konkreten Aspekte machen die Führung im Vertrieb erfolgreich? Die Erfolgsfaktoren werden nachfolgend mit Hilfe von Managementkompetenzen, Verkaufsprozess und Führungsstil dargestellt. Dabei spielen in Verbindung mit gehirngerechten Prinzipen der Führungsstil, Führungsverhalten und die Qualität der Interaktionen mit den Mitarbeitern eine zentrale Rolle.

2.1 ERFOLGSFAKTOR MANAGEMENTKOMPETENZEN

Wenn wir auf das Thema „Vertrieb“ aus der Perspektive der Unternehmer oder Geschäftsführer blicken, müssen wir uns erstmal die Frage stellen, welche konkreten Aufgaben führen im Vertrieb zur Wertschöpfung als zentrales Ziel für die Organisationsentwicklung? Laut der Studie von Roland Berger (2010) gehören zur Gestaltung der internen Prozesse im Vertrieb immer die Innovation, Kundenorientierung und kontinuierliche Erschließung neuer Geschäftsfelder. Diese Aufgaben sollten zur Erfüllung der wichtigsten organisationalen Ziele führen, zu denen laut der gleichen Studie Wachstumsziel, schnelle Umsetzung der Vertriebsstrategien, Sales-Excellence bei den Kunden, die interne Excellence und natürlich die Kostenreduktion gehören. Ohne einen guten Vertriebsprozess kann die eigentliche Aufgabe, also „Verkauf", nicht effizient durchgesetzt werden. Wenn die Vertriebsprozesse noch irgendwelche Lücken aufweisen, können die Kunden durch lange Dauer der Auftragsbearbeitung, weniger Flexibilität oder hohe Kosten zur Konkurrenz getrieben werden. Ohne Innovationen fehlen die Ideen und Produkte, mit denen die Mitarbeiter einen Mehrwert bei den Kunden schaffen und deren Probleme lösen können. Ohne Kundenorientierung versteht der Vertriebsmitarbeiter die Motive und Kaufbeweggründe der Kunden und deren Probleme nicht.

In einer Studie von DDI (2011) wurde befragt, an welchen Kompetenzen es noch im Vertriebsmanagement mangelt. Zu den Schwachstellen laut dieser Studie gehören vor allem die Förderung von Innovation und Kreativität, Identifizierung und Entwicklung von zukünftigen Talenten, Vorantreiben von Veränderungen und zuletzt wurde auch die Umsetzung der Strategie benannt.

In der neuen Studie von McKinsey: „Skill Shift – Automation and the Future of the Workforce" (Bughin, et al. 2018) wurden die Zukunftskompetenzen im Management vorgestellt. Diese Studie basiert auf den aktuellen Trends vor allem in Bezug auf die digitale Transformation. Die Experten berichten, dass die digitalen Kompetenzen und das Vorantreiben der digitalen Transformation als auch das technische Know-how von den Tools zukünftig drastisch an Bedeutung zunehmen werden. Eine wichtige

Erkenntnis aus dieser Studie ist ebenfalls die Zunahme an Bedeutung von sozialen Kompetenzen im Management und in der Kreativität. In der folgenden Abbildung 1. sind die Zukunftstrends noch mal grafisch dargestellt.

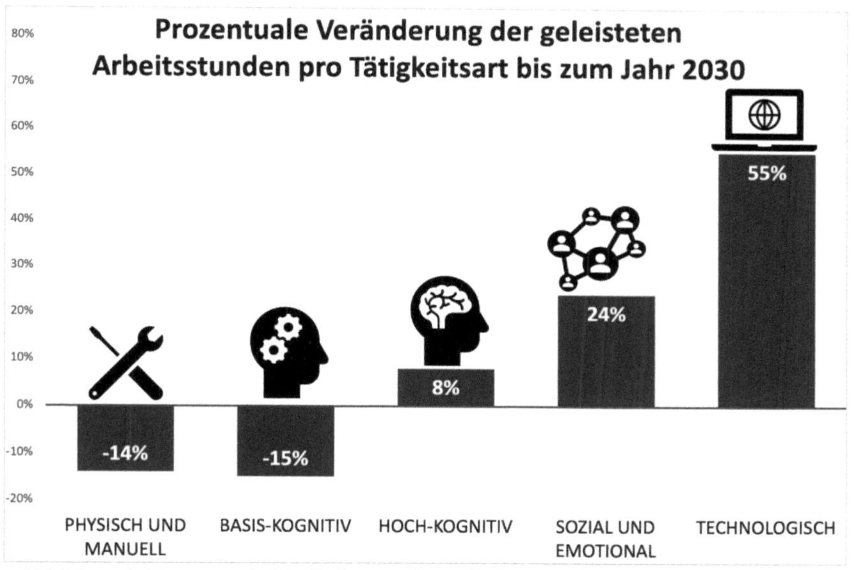

Abbildung 1: Prozentuale Veränderung der geleisteten Arbeitsstunden pro Tätigkeitsart bis zum Jahr 2030. (Eigene Darstellung angelehnt an Bughin et al. McKinsey & Company (2018)).

Laut dieser Studie wird sich bis Ende 2030 der Anteil der Arbeit, die ein technisches Know-how voraussetzt, um 55% steigern. Dagegen werden die händischen und motorischen Tätigkeiten anteilig um 14 % sinken. Wichtig ist zu erwähnen, dass die sozialen und emotionalen Kompetenzen ebenfalls an Bedeutung gewinnen und sich in diesem Zusammenhang bis Ende 2030 um 24% steigern werden. Das lebenslange Lernen wird das Mindset der Erfolgreichsten bestimmen und es werden sich die neuen

Organisationsformen durchsetzen, die stark auf Agilität und Kollaboration ausgerichtet sind.

Aktuell beträgt in Deutschland der Anteil an der Arbeitszeit, die auf technologischer Expertise basiert, 14 %. Dieses Ergebnis liegt vor anderen Ländern wie USA und Frankreich (11 %) oder Großbritannien (12 %). Die Prognosen schätzen eine Erhöhung dieses Anteils in Deutschland bis Ende 2030 auf 19 %. In diesen Ergebnissen kommt noch das Thema emotionale Fähigkeiten zum Ausdruck. In Deutschland wird der Anteil der Arbeitszeit, die emotionale und soziale Fähigkeiten voraussetzt, bis Ende 2030 um 20 % zunehmen. Das bedeutet, dass Empathie, Kommunikationsfähigkeit, Verhandlungsgeschick und Führungsvermögen eine immer größere Rolle im Führungsalltag spielen werden.

2.2 ERFOLGSFAKTOR VERKAUFSPROZESS

Der Verkaufsprozess ist der nächste Erfolgsfaktor der Vertriebsführung. Hierzu gehört die Bestimmung der Vertriebszeile als auch ein effektiver und effizienter Einsatz der vorhandenen Ressourcen (Hammerschmidt und Staat 2010). Die beste Effektivität wird durch die Konzentration der Mitarbeiter auf den wertschöpfenden Aktivitäten erreicht. Die Kernaufgabe ist somit die Verbesserung des Input-Output-Verhältnisses unter der Berücksichtigung der Kostenersparnis, Qualität und Schnelligkeit. Anders gesagt, ein Vertriebsmitarbeiter muss stets aufgefordert werden, seine Leistungsziele mit möglichst geringstem Zeit- und Mitteleinsatz in ausreichender Qualität und Schnelligkeit zu erreichen. Die Schnelligkeit hängt jedoch stark von der Flexibilität der gesamten Organisation ab. Bei der Schnelligkeit sind die Flexibilität und Agilität der Organisation sehr wichtig, um die Kundenbedürfnisse rasch erfüllen zu können (Haas und Köhler 2011). Es gibt grundsätzlich drei Ansatzmöglichkeiten, um den Vertriebsprozess zu verbessern, und dazu gehören:

- Lernkultur
- Rahmenbedingungen des Verkaufsprozesses
- Aktivitäten der Mitarbeiter

In den kommenden Unterkapiteln werden die drei Ansatzmöglichkeiten noch genauer erklärt.

2.2.1 LERNKULTUR

Die Lernkultur beeinfluss den Ablauf der Vertriebsprozesse. Hier ist ein richtiges Mindset von zentraler Bedeutung. Die offene Feedbackkultur und eine Kultur des Lernens können die entscheidenden Hebelwirkungen haben. Eine Lernkultur ergibt sich aus gezielten Führungsaktivitäten. Zunächst müssen die Erfolgsfaktoren der besten Mitarbeiter (Top-Performer) identifiziert werden und mit allen dazugehörigen methodischen und praktischen Umsetzungsstrategien zusammengefasst werden. Im weiteren Schritt ist es wichtig, eine Best Practice aus diesen Erkenntnissen auszuarbeiten und diese in die Vertriebsmannschaft weiterzugeben. Dank dieser Vorgehensweise ist eine strukturierte Weiterleitung der Informationen für die Wissenszuwächse, die aus den Erfolgsfaktoren und gemeinsamen Erfahrungen der Mitarbeiter in der Organisation resultieren. Am Ende ist eine Etablierung von Performance Reviews sehr wichtig, um nachhaltige

Beobachtung und kontinuierliche Verbesserung der Leistungen zu gewährleisten. Bei einer Untererfüllung der Leistung ergibt sich dadurch die Möglichkeit zu einem Soll-Ist-Zustand-Abgleich und zur Ausarbeitung zusammen mit dem Mitarbeiter der konkreten Entwicklungsmaßnahmen.

Es erfordert zunächst sicherlich einen zeitlichen Aufwand, um eine solche „lernende“ Kultur in einer Vertriebsorganisation aufzubauen, jedoch kann sich dieser Aufwand zukünftig sehr gut in zusätzlich gewonnener Zeit und besserer Leistung auszahlen. Die Weltklasseunternehmen beherrschen diese Kunst des lernenden Vertriebs auf einem hohen Niveau. Eine Studie zeigt, dass neun von zehn Weltklasseunternehmen die Elemente einer lernenden Organisation im Vertrieb systematisch implementiert haben, und sie sind damit bei der Entwicklung anderen Unternehmen weit voraus (Miller Heiman Group 2009). In der Abbildung 2 sind die Ergebnisse der Studie mit dem Vergleich zwischen durchschnittlichen und Welt-Klasse-Unternehmen grafisch dargestellt.

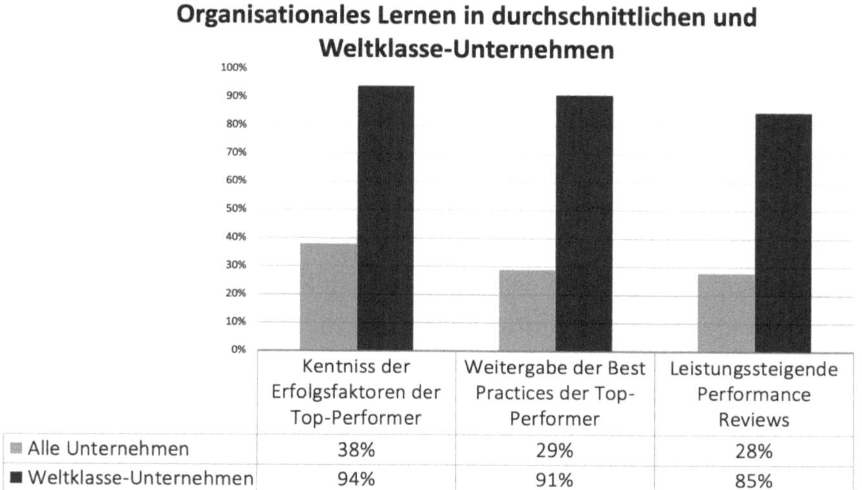

	Kentniss der Erfolgsfaktoren der Top-Performer	Weitergabe der Best Practices der Top-Performer	Leistungssteigende Performance Reviews
Alle Unternehmen	38%	29%	28%
Weltklasse-Unternehmen	94%	91%	85%

Abbildung 2: Lernkultur als Erfolgsfaktor im Vertrieb (Quelle: Miller Heiman Group 2009) (Eigene Darstellung).

2.2.2 INTERNE INFRASTRUKTUR DER ABTEILUNG

Die weiteren Hebelwirkungen stellen die Rahmenbedingungen des Verkaufsprozesses dar, um die Effektivität des Vertriebs zu erhöhen. Hier geht es vor allem um die CRM-Systeme einer Organisation, die maßgeschneidert an die Unternehmensziele angepasst werden sollten. In der Studie von Miller Heiman Group (2009) wird noch mal deutlich dargestellt: Die Weltklasse-Unternehmen unterscheiden sich eben in diesem Aspekt von den anderen Unternehmen. Sie achten sehr drauf, dass die möglichen Effektivitätspotenziale tatsächlich realisiert werden können. Auswahl und abschließende Kaufentscheidung von einem CRM-System basieren somit vor allem auf dem Kriterium

Passgenauigkeit und nicht dem Umfang der Funktionalitäten. Die Vorbereitungsmaßnahmen der Mitarbeiter auf solche Systeme sollten möglichst schnell erfolgen und sicherstellen, dass eine dauerhafte Nutzung der erfolgssteigernden Funktionen möglich wird. Zudem ist es auch wichtig zu erwähnen, dass die Weltklasseunternehmen stets für eine flexible Organisationskultur sorgen, um bei Bedarf schnell und effektiv Anpassungen und Innovationen zu implementieren. Hinter diesen Aspekten muss ein abgestimmtes Kennzahlensystem sichergestellt werden, mit dessen Hilfe die erfolgreiche Umsetzung der Strategien nachverfolgt werden kann. In der folgenden Abbildung sind die oben genannten Faktoren aus der Studie von Miller Heiman Group (2009) grafisch dargestellt.

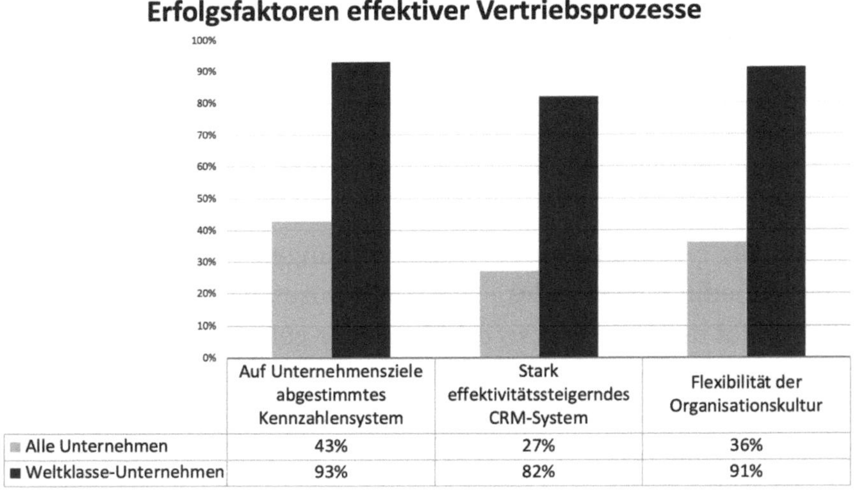

	Auf Unternehmensziele abgestimmtes Kennzahlensystem	Stark effektivitätssteigerndes CRM-System	Flexibilität der Organisationskultur
Alle Unternehmen	43%	27%	36%
Weltklasse-Unternehmen	93%	82%	91%

Abbildung 3: Bedeutsame Rahmenbedingungen effektiver Vertriebsprozesse (Quelle: Miller Heiman Group 2009) (Eigene Darstellung).

2.2.3 VERTRIEBSAKTIVITÄTEN

Zuletzt haben die Aktivitäten der Mitarbeiter eine Hebelwirkung bei der Verbesserung des Vertriebsprozesses. Sowohl die Häufigkeit als auch die Qualität der Vertriebsaktivitäten können mit unterschiedlichen Methoden optimiert werden. Im optimalen Fall stellt der Verkäufer sicher, dass die verkauften Produkte oder Dienstleistungen termingerecht und in der zugesagten Qualität erbracht werden. Die Zeit, die der Verkäufer beim Kunden verbringt, ist für die Generierung der Umsätze am wertvollsten. Diese wertvollste Zeit wird durch die administrativen Aufgaben im Alltag nicht selten deutlich reduziert. In einer Studie von State of Sales report (2017) wurde belegt, dass ein durchschnittlicher Vertriebsmitarbeiter nur 36 % der Zeit an Verkaufsaktivitäten verbringt. Die anderen 64 % der Zeit gehen an Nebenaufgaben wie Administration, Service, Reisen oder Meetings verloren. Die Manager sind somit aufgefordert anhand der organisationalen oder technologischen Entwicklungen diese administrative Zeit zu reduzieren und die Verkäufer von den Aufgaben ohne direkten Verkaufsbezug zu entlasten. Der börsennotierte IBM-Konzern hat für seine Verkäufer festgelegt, dass sie pro Woche höchstens 30 Minuten an einer Besprechung mit dem Vorgesetzen teilnehmen dürfen, um noch mehr Zeit für den direkten Kundenkontakt freizuräumen (Johnston & Marshall 2009).

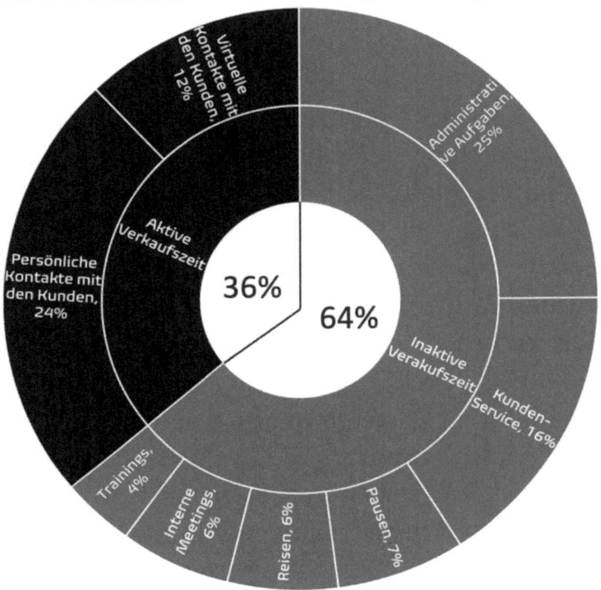

Abbildung 4: Zeitaufteilung eines Vertriebsmitarbeiters auf unterschiedlichen Tätigkeiten (Eigene Darstellung in Anlehnung an State of Sales Report 2017).

Reflexionsfragen:

- Welcher Anteil an täglicher Arbeitszeit verbringen die Vertriebsmitarbeiter in direkten Interaktionen mit den Kunden?
- Welche Zeitoptimierungsansätze haben Sie bereits in der Organisation implementiert?

In Bezug auf die Qualität der Vertriebsaktivitäten gibt es ebenfalls eine Optimierungsmöglichkeit. Jeder Verkäufer braucht vordefinierte Vertriebsziele. Es ist schon meistens vordefiniert, welche Ergebnisse erzielt werden sollten. Diese Ziele bieten eine Grundlage für die Provisionen und Prämien und sollten ebenfalls eine motivierende Funktion haben. Meistens lassen diese Zielsysteme auch viele Freiheiten bei den Vertriebsmitarbeitern bzgl. der individuellen Vorgehensweisen, um diese Ziele zu erfüllen. An dieser Stelle ist vom Management sicherzustellen, dass der Verkäufer genau weiß, mit welcher Quantität, Qualität und bei welchen Kunden er seine Aktivitäten tätigen soll. Allein eine Zielsetzung bedeutet nicht, dass der Mitarbeiter in der Lage ist, seine Vorgehensweisen effektiv einzusetzen. Das Management setzt die Ziele, jedoch die direkten Vorgesetzten managen die Aktivitäten. Das Management der Aktivitäten kann man somit in drei unterschiedlichen Feldern betrachten, um die Verbesserungspotenziale zu identifizieren. Zu den drei Kategorien gehören: Quantität, Qualität und die Richtung.

- ✓ **Quantität:** Bei der Qualität geht es um die Anzahl der Interaktionen mit den Kunden und Häufigkeit der Interaktionen. Es geht hier ebenfalls um die Anzahl der ausgeschriebenen Angebote, Produktvorstellungen oder Vorführungen.
- ✓ **Qualität:** Bei der Qualität handelt es sich um die eingesetzten Vertriebstechniken in dem direkten Kundenkontakt, Überzeugungskraft, inhaltliche Gestaltung der Angebote, Soft-Skills und soziale Kompetenzen, z.B. Einfühlungsvermögen und Kommunikationsfähigkeit.
- ✓ **Richtung:** Zuletzt nachdem die Häufigkeit und Qualität der Kundeninteraktionen definiert sind, ist auch wichtig, die Kunden richtig zu priorisieren, um bei den spezifischen Kundengruppen und den Ansprechpartnern das richtige Produkt zum richtigen Zeitpunkt zu platzieren.

Neben den zukünftigen Managementkompetenzen und dem strukturierten und dem zielorientierten Verkaufsprozess gehört auch der Führungsstil zu den vertrieblichen Erfolgsfaktoren und dieser wird in dem kommenden Unterkapitel beschrieben.

2.3 ERFOLGSFAKTOR FÜHRUNGSSTIL

In einer Studie von Haas, Krohmer, und Weispfenning (2009) wurde bewiesen, dass die Klarheit der Aufgaben, die ein Vertriebsmitarbeiter bekommt, seine Arbeitszufriedenheit und die Kundenorientierung steigern und diese Aspekte haben eine positive Wirkung auf Verkäuferleistung und reduzieren die Fluktuation. Haas et al. (2009) beschreiben ebenfalls generell gültige Zusammenhänge zwischen Führungsstil und Erfolg der Vertriebsmitarbeiter. Die Grundlagen dieser Forschung liegen bei dem Model von Hersey und Blanchert (1988) in dem zwischen aufgabenorientieren und personenorientierten Verhaltensweisen der Führungskräfte unterschieden wird, das situativ und in der Abhängigkeit von dem Reifegrad eines Mitarbeiters eingesetzt werden sollten. Draus resultiert die Erkenntnis, dass die Führungskraft das spezifische Verhalten in den Führungsgesprächen oder bei jeglicher Art der Informationstransfer entweder aufgabenorientiert oder personenorientiert gut einteilen kann (Yukl & Gardner 2019). Haas et al. (2009) haben in einer Studie sowohl die subjektive Meinung der Führungskräfte erfasst als auch die harten Fakten wie Umsatzentwicklung und Zielerreichung der Mitarbeiter verglichen. In dieser Studie konnten sie belegen, dass aus Managersicht die

Verkaufsleistung bei den Mitarbeitern mit dem personenorientierten und aufgabenorientierten Führungsstil gleich ist. Objektive Ergebnisse zeigen jedoch deutlich die bessere Wirkung des personenorientierten Führungsstils auf die Leistung der Mitarbeiter im Vertrieb. Wenn man jedoch die Fluktuationsrate reduzieren möchte, ist laut dieser Studie der aufgabeorientierte Führungsstil viel effektiver als der personenorientierte. Die weiteren Erkenntnisse aus dieser Studie von Haas et al. (2009) zeigen, dass der aufgabenorientierte Führungsstil den Mitarbeitern besseres Verständnis für die Arbeitsabläufe und Aufgabenanforderungen ermöglicht. Die personenorientierte Führung dagegen unterstützt die Mitarbeiter dabei, die Fachkenntnisse und richtige Verhaltensweisen zu entwickeln, die den Erfolg im Vertrieb ermöglichen. In der Abbildung 5 wird der obengenannte Einfluss des Führungsstils auf die vertriebliche Zielgrößen graphisch abgebildet.

Haas et al. (2009) erklären auch in ihrer Studie den positiven Einfluss des personenorientierten Führungsstiles auf die Einstellung der Verkäufer zu seiner Arbeit. Somit weisen die Mitarbeiter unter personenorientierten Führungsstil mehr Arbeitszufriedenheit, Kundenorientierung und Aufgabenklarheit auf, was in der Abbildung 6 dargestellt ist.

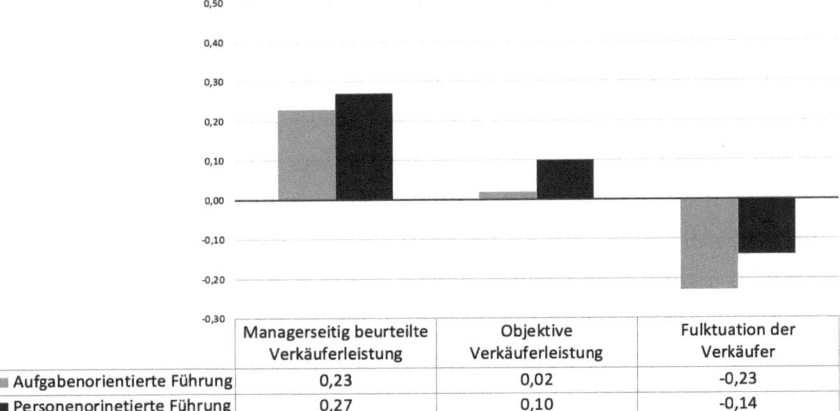

Abbildung 5: Einfluss des Führungsstils auf bedeutsame Zielgrößen des Vertriebs (Quelle: Haas et al. 2009) (Eigene Darstellung).

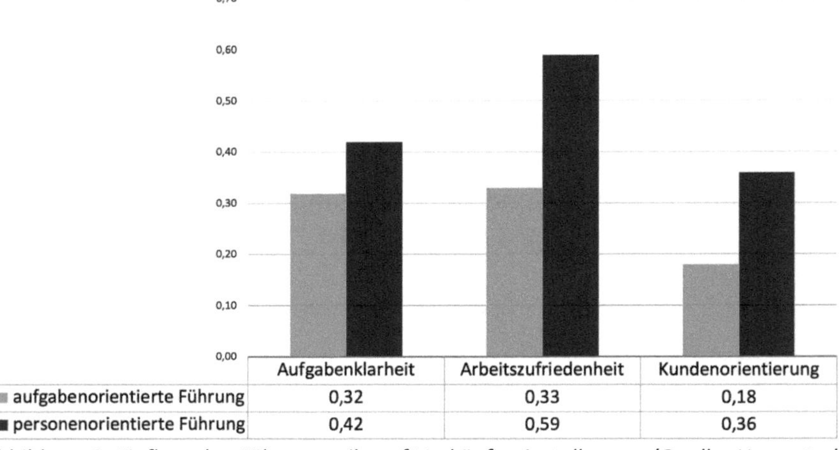

Abbildung 6: Einfluss des Führungsstils auf Verkäufereinstellungen (Quelle: Haas et al. 2009) (Eigene Darstellung).

In einer weiteren Studie von Deeter-Schmelz, Goebel & Kennedy (2008) wurde bewiesen, dass es deutliche Wahrnehmungsunterschiede zwischen Manager und Vertriebsmitarbeiter bzgl. Vertriebserfolgsfaktoren gibt. Aus Sicht des Vertriebsmitarbeiter ist Coaching und vor allem die Effektivität des Feedbacks von zentraler Bedeutung. Die Führungskraft findet das Coaching in Verbindung mit dem Vertrauen für den Erfolg ausschlaggebend. Aus der Vertriebler-Sicht ist das Vertrauen zwar wichtig, aber nicht direkt für das Coaching, sondern für den Respekt gegenüber dem Manager. Die Manager finden laut der Studie jedoch, dass den Respekt hauptsächlich durch deren eigene Leistung erarbeitet werden kann. Somit versuchen die Manager die Vertriebsmitarbeiter hauptsächlich durch das entgegengebrachte Vertrauen zu entwickeln, was leider keine signifikanten Ergebnisse des Coachings darstellt. Viel effektiver für die Mitarbeiterentwicklung ist laut Deeter-Schmelz, Goebel und Kennedy (2008) Feedback und Empowerment.

Für die unternehmerische Praxis ergibt sich weiterhin aus diesen Erkenntnissen die Überlegung: Welche Faktoren beeinflussen den vertrieblichen Erfolg und welche Ansätze der Führung, die in den Neuroleadership-Prinzipen eingebettet sind, den größten Einfluss auf den Mitarbeitererfolg haben.

Bevor es weiter zum Thema Neuroleadership geht, wird in dem nächsten Kapitel noch eine wichtige Zielgröße dargestellt, die einen indirekten Einfluss auf Erfolg im Vertrieb hat. Es handelt sich hier um die Mitarbeiterzufriedenheit.

2.4 ERFOLGSFAKTOR MITARBEITERZUFRIEDENHEIT

Die Zufriedenheit der Mitarbeiter ist ein komplexes und breit erforschtes Konstrukt, das sich positiv auf die Mitarbeiterleistung auswirkt, was die Studien von Mertel (2006) beweisen. Wie der Wissenschaftler Haarhaus (2017) berichtet: Schon in 30er Jahren des Zwanzigsten Jahrhunderts gab es sehr viele Studien, die sich auf die Zufriedenheit der Mitarbeiter bei der Arbeit und deren Auswirkung bezogen haben. Das Verhalten der Mitarbeiter wird durch die Zufriedenheit mit dem Arbeitgeber positiv beeinflusst (Foote & Tang, 2008). Von Rosenstiel schreibt in einem der Artikel, dass die Zufriedenheit „[...] aus der Befriedigung aktivierter Motive [...]“ entsteht (2015, S. 72). In der Literatur gibt es ebenfalls sehr viele Studien, die die Themen Motive, Motivation und Bedürfnisse der Mitarbeiter erklären, mit dem Ziel, die Zufriedenheit der Mitarbeiter zu steigern (Haarhaus, 2015; Haarhaus, 2017; Meissburger, 2018). Laut der Definition nach von Rosenstiel (2015) lässt sich die Arbeitszufriedenheit anhand motivationaler Ursachen erklären und somit kann sie als eine relativ stabile Bewertung der betrieblichen Gegebenheiten interpretiert werden. Wichtig an dieser Stelle ist der weiterführende Gedanke von Rosenstiel, der ebenfalls schreibt, dass diese Bewertung der betrieblichen Gegebenheiten aus dem Abgleich des wahrgenommenen Ist-Zustandes und des persönlich gewünschten Soll-Zustandes resultiert. Laut der Definition von Kauffeld (2019) resultiert die Arbeitszufriedenheit aus dem, was die Menschen in Bezug auf die Arbeit denken und fühlen, um dann entscheiden zu können, in welchem Ausmaß sie die Arbeit mögen oder nicht mögen. Somit ähnlich wie in der vorherigen Definition, lässt sich die

Arbeitszufriedenheit als eine Bewertung des Gefühlslebens beschreiben. Die Arbeitszufriedenheit kann zahlreiche Facetten wie Arbeitstätigkeit, Führung, Arbeitsbedingungen, Bezahlung usw. beinhalten (Felfe & Six, 2006).

Die Auswirkung der Arbeitszufriedenheit in der Arbeitswelt stellen zahlreich Untersuchungen dar: In Studien der University of Warwick wurde nachgewiesen, dass zufriedene Mitarbeiter bis zu 12 % produktiver sind (Oswald, Proto & Sgroi, 2015). In einer Gallup-Studie (2013) wurde ebenfalls ein Zusammenhang zwischen Motivation und Produktivität der Mitarbeiter nachgewiesen. Engagierte Mitarbeiter sind um 21 % produktiver als unmotivierte Mitarbeiter (Gallup, 2013). Des Weiteren wirkt sich die Zufriedenheit der Mitarbeiter positiv auf deren Gesundheit (Fischer & Sousa-Poza, 2008) und niedrigen Absentismus (Ybema, Smulders & Bongers, 2010) aus. Weitere Studien zeigen auch einen positiven Einfluss der Zufriedenheit der Mitarbeiter auf deren Leistung und Leistungsmotivation (Schmidt, 2006; Judge & Bono, 2001).

In der Führungsforschung gibt es ebenfalls schon viele Zusammenhänge zwischen dem Führungsstil oder der Qualität der Beziehung mit der Führungskraft und der Mitarbeiterzufriedenheit. In einer Studie von Dulebohn, Bommer, Liden und Brouer (2012) korreliert die wahrgenommene Beziehung zwischen Führungskraft und dem Mitarbeiter in dem Leader-Member-Exchange-Modell (LMX) mit seiner Arbeitszufriedenheit. Je positiver das Verhalten einer Führungskraft von dem Mitarbeiter wahrgenommen wird, desto höher ist die Arbeitszufriedenheit (Lehmann-Willenbrock & Kauffeld, 2010).

Die fehlende Arbeitszufriedenheit wird mit negativen Konsequenzen in Verbindung gebracht. Einer der Konsequenzen ist Burnout als Folge einer langfristigen psychischen Belastung (Meyer

& Schermuly, 2011). Aus der Unzufriedenheit der Mitarbeiter resultiert auch das destruktive Verhalten der Mitarbeiter (Judge, Scott & Illies, 2006). Die fehlende Arbeitszufriedenheit der Mitarbeiter steht auch mit Absentismus und Fluktuation in Verbindung (Kauffeld, 2019). Unzufriedene Mitarbeiter entwickeln mehr Kündigungsgedanken, wenn sie mit der Arbeit nicht zufrieden sind und somit gibt es eine höhere Wahrscheinlichkeit, dass die Arbeitnehmer den Job wechseln (Russell, et al., 2004).

Nachdem die Erfolgsfaktoren für den Vertrieb dargestellt wurden, werden im kommenden Kapitel die Neuroleadership-Theorien beschrieben und es wird ein Abgleich zwischen klassischen Führungstheorien für den Vertrieb und dem Neuroleadership dargestellt.

3 NEUROLEADERSHIP

Der Begriff „Neuroleadership" bezeichnet die Verbindung der Theorien aus der Neurowissenschaft mit den Führungstheorien in den Wirtschaftswissenschaften mit dem Ziel, gehirngerecht zu führen und somit bessere Ergebnisse zu erzielen (Elger, 2013). Die Neurologie stellt eine interdisziplinäre Wissenschaft dar, die sich mit Aufbau und Funktion des Nervensystems beschäftigt. Mithilfe der biologischen Grundlagen im Gehirnaufbau werden in den Neurowissenschaften die Erkenntnisse über die interpersonellen Beziehungen und menschlichen Verhalten abgeleitet (Hanser, 2005).

Besonders die Themen aus der Hirnforschung, die die sozialen, kognitiven und affektiven Verhaltensmuster und deren Regulierung darstellen, sind für die Wirtschaftswissenschaften sehr wichtig (Rock, 2008). Bei Neuroleadership handelt es sich um eine Entwicklung eines anderen Verständnisses im Führungsalltag hinsichtlich des Verhaltens gegenüber dem Mitarbeiter, das Motivation, Leistung und Zufriedenheit steuern (Elger, 2013). Viele Erkenntnisse aus der Neurologie helfen den Führungskräften die Problemfelder im Führungsalltag besser zu identifizieren und die neuen Impulse bei der Personalführung zu nutzen (Rock & Schwartz, 2006). Die neurowissenschaftliche Forschung hat unter anderem belegt, dass unser Gehirn die positiven Chancen und Ressourcen gegenüber den potenziellen Bedrohungen unterbewertet, was evolutionär bedingt ist (DeNisi & Murphy, 2017). Diese Erkenntnis lässt die Führung auf viele wichtige Faktoren sensibilisieren, die im Alltag bei dem Umgang mit dem Mitarbeiter von zentraler Bedeutung sein können. Das

Neuroleadership zielt deswegen an der ersten Stelle drauf ab, die negativen Gefühle der Mitarbeiter in der Arbeit zu minimieren und die positiven zu intensivieren (Rock & Schwartz, 2006). Dazu haben viele oben genannten Wissenschaftler die nötigen Verhaltensmuster und Konstrukte dargestellt, die die Maximierung der positiven Gefühle der Mitarbeiter unterstützen und die negativen Impulse im Führungsalltag vorbeugen sollten.

In diesem Kapitel wird das Thema Neuroleadership mit zahlreichen Definitionen, Wirkungsweisen, bisherigen wissenschaftlichen Erkenntnissen und Umsetzungsstrategien für die vertriebliche Praxis dargestellt.

3.1 NEUROLOGIE FÜR DIE SALESMANAGER

Das Gehirn ist ein gigantisches neuronales Netzwerk, das immer Millionen von Zellen aktiviert, sobald wir etwas wahrnehmen oder wenn wir uns bewegen wollen. Bei der Verarbeitung von Informationen werden die Verbindungen in unterschiedlichen Gehirnarealen anhand komplexer Neronenverbände involviert (Wolf, 2015). Interessanterweise wird bis heute durch die Wissenschaft noch nicht genau verstanden, wie diese Vernetzung der Neuronenverbände funktioniert. Schmidt (2009) berichtet: „Aufgrund der vernetzten und parallelen Informationsverarbeitung kann ebenfalls keine Aussage darüber getroffen werden, wo ein neuronaler Prozess begonnen hat und wo er aufhört“ (Schmidt 2009, S. 24).

In den USA werden weitere wissenschaftliche Studien in dem Human Connectome Projekt (HCP) durchgeführt, die den

Zusammenhang zwischen Struktur und Funktion des Gehirns untersuchen. In Europa laufen ebenfalls einige wissenschaftliche Projekte, zum Beispiel das Human Brain Projekt, das im Jahr 2013 gestartet wurde. Eines der Ergebnisse solcher Studien war die Erkenntnis der Neuoplastizität des Gehirns, die als Fähigkeit des Gehirns zum Aufbau neuer neuronaler Netzwerke beim Problemlösen oder Ausprobieren von etwas Neuem zu verstehen ist (Klein et al., 2018). Bei dem Lernprozess werden unterschiedliche Netzwerke gleichzeitig aktiviert und je öfter man dies tun, desto mehr Neubildungen im Gehirn entstehen und desto besser wird die geistige Flexibilität. Im nächsten Unterkapitel folgt eine Beschreibung der wichtigsten anatomischen Grundlagen aus der Neurologie, um die Funktion des Gehirns besser zu verstehen, als auch die Darstellung der wichtigsten Botenstoffe, die im Rahmen des Neuroleadership von besonderer Bedeutung sind.

3.1.1 NERVENZELLEN

Um die Einflussmöglichkeiten auf die neuro-psychologischen Bedürfnisse der Mitarbeiter zu erläutern, ist es wichtig, den Aufbau und die Funktionsweisen eines Neurons (Nervenzelle) als auch die Struktur der elektrisch-chemischen Abläufe im Gehirn zu verstehen.

Die Nervenzellen haben eine zentrale Funktion und das ist die Verarbeitung von Informationen. Durch eine Vernetzungsmöglichkeit leiten sie die Befehle zu unterschiedlichen Organen im menschlichen Körper sowie empfangen diese Signale aus unterschiedlichen Organen und leiten diese zur Verarbeitung an das Gehirn weiter. Die Nervenzellen steuern somit alle möglichen Prozesse, die im menschlichen Körper ablaufen: Bewegung, kognitive und emotionale Prozesse, Sprachsysteme und natürlich die lebensnotwenigen Prozesse wie Atmung oder Verdauung. Dabei können die Nervenzellen die weitergeleiteten Impulse in Abhängigkeit von deren Bedeutung unterschiedlich beeinflussen. Sie können diese Impulse unterdrücken und somit für sich behalten, filtern, abschwächen oder manchmal auch verstärken. Um den Informationsablauf entlang eines Neurons besser zu verstehen, wird in der Abbildung 7 der Aufbau der Synapse dargestellt.

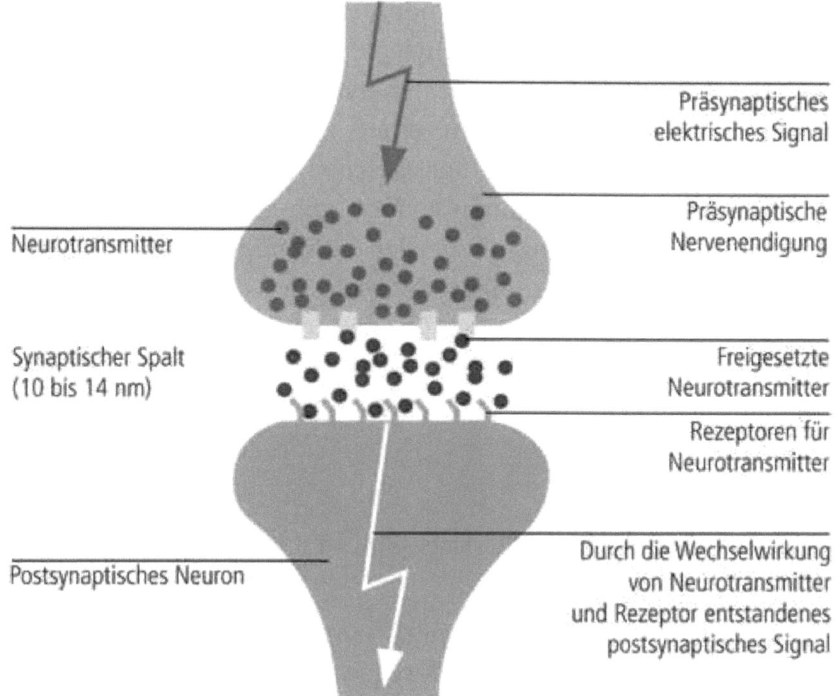

Abbildung 7: Schematische Darstellung einer Synapse. Quelle: Universitätsklinikum Carl Gustav Carus (2021).

Die Nervenzelle besteht aus dem Zellkern, Zellkörper, den Dendriten, die ein Signal empfangen, und Synapsen, die die Impulse an eine andere Zelle übertragen. Synapsen sind somit kleine Kontaktpunkte zwischen zwei Neuronen. Der elektrische Impuls mit dem Informationsübertragungsziel wird am Ende der Synapse in ein chemisches Potenzial umgewandelt. In dem zwischensynaptischen Spalt kommt es zur Übertragung der wichtigsten Neurotransmitter auf die weitere Nervenzelle. Die Neurotransmitter bewirken die Veränderung des elektrischen Ladungszustandes und sind entscheidend für die Qualität der weitergeleiteten Information. Im Gehirn erfolgt also einerseits ein elektrischer Vorgang als auch andererseits ein chemischer. In der Nervenzelle wird andauernd „entschieden", mit welcher Intensität und Geschwindigkeit ein bestehender Impuls weitergeleitet werden soll. Ein Impuls von einer zur nächsten Nervenzelle verläuft durchschnittlich in der Geschwindigkeit 120 Meter pro Sekunde. Die Signale können jedoch gehemmt (Depolarisation) oder noch beschleunigt werden (Hypopolarisation). Viele Medikamente und Konsumgüter wirken auf die Geschwindigkeit der Übertragung der Botenstoffe im neuronalen System. Dazu gehören unter anderem Alkohol, Tabak und viele Drogen (Kleine & Rossmanith, 2021).

3.1.2 NEUROTRANSMITTER UND HORMONE

In dem vorherigen Kapitel wurden die Nervenzelle und Übertragung der Informationen zwischen den Zellen erklärt. Die Übertragung hat sowohl ein elektrisches Potenzial entlang einer Nervenzelle und wird zu einem chemischen Potenzial im zwischensynaptischen Spalt umgewandelt. Die Botenstoffe, die für diesen chemischen Vorgang zuständig sind, werden Neurotransmitter genannt. Neben den Neurotransmittern gibt es im menschlichen Körper andere chemische Botenstoffe: die Hormone. Der erste Botenstoff – Acetylcholin – wurde von dem deutsch-österreichisch-amerikanischen Pharmakologen Otto Loewi im Jahr 1921 entdeckt. Heutzutage sind schon sehr viele unterschiedliche Botenstoffe und deren exakte Wirkung bekannt. In diesem Kapitel werden zunächst die Unterschiede und Gemeinsamkeiten der beiden Stoff-Gruppen (Neurotransmitter und Hormone) erklärt und die wichtigsten Botenstoffe und deren Funktionen beschrieben.

Die Hormone sind körpereigene Botenstoffe, die verschiedene Körperfunktionen regulieren. Die Hormone laufen über den Blutkreislauf und sind somit relativ langsam in der Übertragung der Informationen. Sie überqueren lange Distanzen im menschlichen Körper, um an die Zielorgane zu kommen und dort eine entsprechende Wirkung zu initiieren. Die Hormone steuern somit das Wachstum, Sexualität, Stoffwechsel, Muskelaufbau und vieles mehr. Hormone haben eine breitere Wirkung als die Neurotransmitter. Es gibt jedoch einige Stoffe, die sowohl als Neurotransmitter in Nervenzellen als auch als Hormone im Blut vorkommen. Zu diesen gehört beispielsweise Adrenalin (Kleine & Rossmanith, 2021).

Auf der anderen Seite gibt es die Neurotransmitter. Die Besonderheit der Neurotransmitter ist die Informationsübertragung zwischen den Nervenzellen im synaptischen Spalt und nicht in der Blutbahn, wie es bei den Hormonen der Fall ist. Diese Übertragung der Informationen zwischen den Nervenzellen verläuft im Gegensatz zu Hormonen blitzschnell. Die Neurotransmitter sind für die Wahrnehmungs-, Handlungs- und Verarbeitungssysteme im menschlichen Körper verantwortlich. Die Neurotransmitter können sowohl die Informationen stärken als auch diese abschwächen. Sie können die sofortigen Reaktionen auslösen, zum Beispiel bei einer Gefahr, oder sie können auch eine anhaltende Wirkung haben, zum Beispiel wenn man gelobt wird.

Wichtig an dieser Stelle ist zu erwähnen, dass die Hormone und Neurotransmitter sich gegenseitig beeinflussen und beide für die Stimmungslage verantwortlich sind. Somit kann man die beiden Botenstoffe nicht separat betrachten, sondern immer in Abhängigkeit voneinander (Kleine & Rossmanith, 2021). Nachfolgend werden die Funktionen der ausgewählten Neurotransmitter und Hormone, die unsere Emotionen regulieren, kurz erläutert:

- Ausgewählte Neurotransmitter

Noradrenalin – Noradrenalin ist ein Neurotransmitter, der einen direkten Einfluss auf das Hormon Adrenalin ausübt und dessen Wirkung beschleunigt. Das Noradrenalin wirkt auf Aufmerksamkeitsfokussierung, Wachheit, Erregung, Stresstoleranz. Das Noradrenalin wird auf die Herzmuskelzellen übertragen und kann somit die Herzkontraktion beschleunigen. Das Noradrenalin steuert den Umgang mit Stress, riskanten Situationen und Herausforderungen (Kleine & Rossmanith, 2021).

Serotonin – Die Wirkung von Serotonin ist die Dämpfung von Emotionen und Beruhigung. Serotonin ist für die Ausbalancierung der Stimmungslage von zentraler Bedeutung. Es beeinflusst Gemütszustand, psychisches Wohlbefinden, Appetit und Sexualtrieb. Bei Angstzuständen und Depressionen wird ein Defizit dieser Neurotransmitter festzgestellt. Somit ist das Serotonin in den meisten Fällen der Hauptbestandteil der Antidepressiva, mit denen man die Depressionen pharmakologisch behandelt (Kleine & Rossmanith, 2021).

Acetylcholin – Acetylcholin ist der erste entdeckte Neurotransmitter in der Geschichte der Medizin und gleichzeitig einer der wichtigsten. Die Wirkung dieser Neurotransmitter ist vor allem die Steuerung der körperlichen Bewegung, indem sie die Impulse von den Nervenfasern auf die Muskelfasern übertragen, als auch die Steuerung der vegetativen Funktionen wie Atmung, Herzschlag, Stoffwechsel oder Regulierung des Blutdrucks. Die Demenzkrankheiten haben einen Mangel an Acetylcholin zur Folge (Kleine & Rossmanith, 2021).

Endorphine – Endorphine gehören zu der Gruppe der körpereigenen Opiate. Im Zusammenhang mit den Endorphinen stehen Schmerzlinderung und Lustempfinden. Diese Opiate beeinflussen auch Hungergefühl und die Stimmung. Sie werden als Reaktion auf Stress oder körperliche Anstrengung freigesetzt und unterdrücken das Schmerzempfinden. Sobald das Gehirn eine Information aus den Körperzellen von Verletzungen, chemischen Attacken, Hitze oder Kälte erfährt, werden die Endorphine ausgeschüttet. Die Endorphine lösen viele Glückgefühle aus. Die Endorphine sind der Grund, warum man sich nach dem Sport und jeder Art der starken körperlichen Anstrengung wohlfühlt (Kleine & Rossmanith, 2021).

Cortisol – Cortisol ist ein Neurotransmitter, aber auch zugleich ein Hormon. Cortisol wird in einer Stresssituation ausgeschüttet und bereitet den Körper auf eine schnelle Reaktion in einer Gefahrensituation vor. Das Cortisol senkt die Aktivität des vegetativen Nervensystems und somit unterdrückt es auch das Immunsystem. Die Angstzustände, die mit dem hohen Cortisol-Spiegel einhergehen werden in einer Gruppe von anderen Individuen wahrgenommen, da in dieser Situation evolutionsbedingt ein Signal über die bestehende Gefahr für die Aktivierung des Abwehrmechanismus ausgesendet werden soll. Somit wird der Angstzustand einer Person auch das Cortisol bei dem direkten Beobachter ausschütten. Dieser Neurotransmitter ist nur im gesunden Maße (bei kurzfristigen Reaktionen) hilfreich und lebensnotwendig. Bei einem dauerhaft hohen Cortisol-Spiegel kommt es zur Schädigung der Gehirnzellen im Bereich des Hypocampus (Kleine & Rossmanith, 2021).

➢ Ausgewählte Hormone

Oxytocin – Oxytocin wird als „Liebeshormon" benannt. Wirkung: blutdrucksenkend, angstlösend und beruhigend. Dank Oxytocin werden die sozialen Kompetenzen gesteigert. Dieses Hormon erleichtert die Bewertung von Gesichtern und Stimmen. Das Gefühl von Vertrauen und Empathie wird durch dieses Hormon beeinflusst. Das Oxytocin wirkt auch herabsetzend auf die Angstschwelle und vermindert das Schmerzempfinden (Kleine & Rossmanith, 2021).

Dopamin – Dopamin ist das wichtigste Hormon für das Belohnungssystem. Dopamin ist für Aufmerksamkeit und motorische Aktivität verantwortlich. Dopamin ist für die Zielsetzungen und Streben nach Zielerfüllung von zentraler Bedeutung. Ziele, die mit einem starken Belohnungssystem in

Verbindung stehen, haben größere Chancen auf die Verwirklichung. „Das Dopamin-System ist die Grundlage intrinsischer Motivation“ (Grawe 2004, S. 300). Damit werden die Mechanismen im Gehirn in Gang gesetzt, die das Streben nach der Zielerreichung und Fokus auf den Zielzustand verstärken (Kleine & Rossmanith, 2021).

Östrogen – Östrogen ist ein weibliches Geschlechtshormon. Die Hauptfunktion ist die Steuerung des weiblichen Zyklus, aber es beeinflusst ebenfalls den Appetit und wirkt sich auf die Stressempfindlichkeit aus. Dieses Hormon ermöglicht den Frauen, ein besseres Denkvermögen zu entwickeln (Kleine & Rossmanith, 2021).

Testosteron – Testosteron ist ein männliches Geschlechtshormon, das sowohl herabsenkend auf den Cholesterinspiegel als auch unterstützend bei der Zunahme der Muskelmasse wirkt. Testosteron wirkt sich auch auf die Lernfähigkeit und das Denkvermögen aus. Die Risikobereitschaft nimmt bei der Wirkung von diesem Hormon durch die herabgesetzte Risikoeinschätzung zu (Kleine & Rossmanith, 2021)..

Adrenalin – Adrenalin ist eines der wichtigsten Stresshormone. Adrenalin wird im Nebennierenmark aus Noradrenalin gebildet und als Hormon freigesetzt. Adrenalin beeinflusst fast alle Organe im Körper und stellt diese in Bereitschaft für den Umgang mit einer Gefahr. Es ist in der Lage, die Atmung, den Kreislauf und die Sinne zu beschleunigen, um den Körper entweder auf Kampf oder Flucht vorzubereiten (Kleine & Rossmanith, 2021).

Im weiteren Verlauf werden die Wirkungen der Hormone und Neurotransmitter unter anderem auf den Lerntrieb dargestellt als auch deren weitere Funktionen.

3.1.3 NEUGIER UND LERNTRIEB

Die Bildung einer Nervenstruktur im Gehirn hängt mit dem aktiven Austausch und Interaktionen mit der Umwelt zusammen. Der Lernprozess erfolgt im Laufe des Lebens kontinuierlich und unabhängig vom Alter. Die neuronalen Strukturen passen sich an die unterschiedlichen Gegebenheiten andauernd an. Auch während des Schlafs kommt es zur Festigung der Gedächtnisinhalte im Gehirn. Viele Tierarten und besonders die Säugetiere sind durch Neugierde getrieben. Die Neugierde führt zum objektiven Aussuchen und Erkunden neuer Situationen. Das Erkunden wird für Säugtiere als ein Spiel wahrgenommen (Sachser, 2004). Dieser Lerntrieb lässt sich auch neurobiologisch begründen: Das Gehirn sucht von Natur aus nach Abwechslung und Anregung und erstellt sich neue Erklärungskonzepte für das für ihn bis jetzt Unbekannte. Jeder Lernerfolg führt dann zur Ausschüttung der positiven Botenstoffe wie beispielweise Dopamin (Stark, Bischof & Scheich 2000). Es gibt jedoch eine Voraussetzung dafür, dass das Neugier-Verhalten angeregt wird und ungestört bleibt. Die Voraussetzung ist ein Gefühl von Sicherheit und Entspannung, was auf der anderen Seite der Medaille bedeutet: Reduktion des Cortisols. (Sachser, 2004). Fehlen die Sicherheit und das Gefühl der Geborgenheit und gibt es somit die Stresshormone im Blutkreislauf, ist die Neugier und Lust auf das Erkunden von Neuem deutlich abgebremst. Die Lernfähigkeit ist herabgesenkt, sobald das Adrenalin oder Cortisol ausgeschüttet sind und die Einflussnahme des Individuums auf die Stressreaktion stattfindet. Es gibt aktuell schon zahlreiche neurowissenschaftliche Erkenntnisse, die die Voraussetzungen und Rahmenbedingungen für den Lernprozess erklären. Im Folgenden werden die ausgewählten Lernprinzipien dargestellt, für die neurowissenschaftliche Ergebnisse vorliegen (Arnold, 2002):

- Das Gehirn kann von Dritten (z.B. Lehrern oder Führungskräften) beeinflusst, aber nicht gesteuert werden.
- Das Gehirn ist auf das Sozialverhalten ausgerichtet und somit haben die sozialen Beziehungen einen enormen Einfluss auf den Lernprozess.
- Die Suche nach Sinn ist angeboren und erfolgt durch die Bildung eines neuronalen Musters im Gehirn. Alles, was für den Lernenden einen Sinn ergibt, erleichtert den Lernprozess und macht diesen effektiver.
- Bei der Bildung von neuronalen Mustern spielen die Emotionen eine entscheidende Rolle.
- Die Aufmerksamkeit und Wahrnehmung spielen eine zentrale Rolle beim Lernen. Die Aufmerksamkeit muss dabei auf das Ziel gerichtet sein und die periphere Wahrnehmung muss vorhanden sein, damit der Lernprozess möglich ist.
- Am Lernvorgang sind nicht nur bewusste, sondern auch unbewusste Prozesse beteiligt.
- Die Aufnahme von komplexen Lerninhalten bei einem Bedrohungsgefühl und Angst wird deutlich herabgesetzt, was zur Hilflosigkeit und extremen psychischen Erschöpfung führen kann.

Um die Lernprozesse zu begünstigen, bedarf es einer sicheren Umgebung und einer entspannten Stimmungslage. Laut Arnold (2002) ist das Zusammenspiel folgender drei Faktoren für optimale Lernbedingungen von zentraler Bedeutung:

- Entspannte Aufmerksamkeit, die sich durch angenehme Atmosphäre erzielen lässt. Die innere Entspannung kommt durch Zuversicht, Sicherheit und intrinsische Motivation. Man muss sich der Aufgabe und der Herausforderung gewachsen fühlen.
- Geordnete Vertiefung wirkt auf die Lernprozesse sehr fördernd. Das bedeutet, dass die Lerninhalte im Idealfall in die aktuelle Lebenswelt des Lernenden eingebettet sind.
- Aktive Verarbeitung ist dann möglich, wenn die Inhalte auch als sinnvoll wahrgenommen werden. Auf dieser Art und Weise kann das dynamische Wissen vermittelt werden.

Das Lernen ist aufgrund von Neuroplastizität des Gehirns auch im hohen Alter möglich. Für die unternehmerische Praxis sind „gehirngerechte" Trainingsmaßnahmen von zentraler Bedeutung, um die besten Lerneffekte zu erzielen. Oft wird bei Weiterentwicklungsseminaren oder Trainingsmaßnahmen auf die Stimmungsbarometer und emotionale Lage der Mitarbeiter geachtet. Der Leistungsdruck, persönliche Probleme, schlechte Stimmung, angespannte Trainingsatmosphäre, die Lernerfolgsmethoden wie Tests oder Prüfungen, oder zu viel Wettbewerbsdruck zwischen den Mitarbeitern können die Lernprozesse und Neugierde der Mitarbeiter als auch die Bereitschaft auf Neues deutlich reduzieren.

3.2 NEUROPSYCHOLOGIE FÜR DIE SALESMANAGER

Die Neuropsychologie ist ein Teilgebiet der Psychologie, das sich mit dem Zusammenhang zwischen Nervensystemen und psychischen Vorgängen beschäftigt und stellt gleichzeitig ein Oberbegrifft für Neuroleadership dar in dem nicht nur die Führungstheorien mit Neurowissenschaften verknüpft werden, sondern vieles mehr wie z.B. organisationale Einflüsse auf das Individuum. In diesem Kapitel werden unterschiedliche Themen aufgegriffen, die die Verhaltensmodelle der gehirngerechten Führung erläutern. Diese Erkenntnisse sind in der Psychologie schon zwar sehr lange bekannt, aber gewinnen immer mehr an Bedeutung, wenn sie zusätzlich durch die neuen neurowissenschaftlichen Erkenntnisse bestätigt werden. In diesem Kapitel handelt es sich unter anderem um die mentalen Repräsentationen und Wahrnehmungsunterschiede, die Menschen stark voneinander unterscheiden. Darüber hinaus werden drei unterschiedliche Führungsschwerpunkte vorgestellt: Führung durch Belohnungssystem, Führung durch Stressreduktion und Führung durch emotionale Stabilisierung. Abschließend in diesem Kapitel folgt ein Fallbeispiel aus der Praxis, zu dem eine neurobiologische Analyse gemacht wird.

3.2.1 ENKODIERUNG UND MENTALE REPRÄSENTATIONEN

Unter mentaler Repräsentation versteht man ein geschaffenes inneres Bild einer Person, das mithilfe von Umweltreizen in ihren Gedanken entstanden ist (vgl. Anderson, 1988). Alle äußeren Reize, die auf einen Menschen wirken, werden im Gehirn „übersetzt". Die Übersetzung ist eine reine Interpretation und diese erfolgt sehr individuell. Die Interpretation stellt den Prozess einer Enkodierung der inneren und äußeren Merkmale dar (vgl. Zimbardo, 2004). Aus der neurowissenschaftlichen Sicht hat diese Vorstellungskraft des menschlichen Gehirns eine überlebenswichtige Funktion (Treue, 2015). Wie es genau funktioniert, kann man sich mit Hilfe dieses Gedankenexperimentes aus der Praxis besser vorstellen:

Gedankenexperiment

Stellen Sie sich vor, es ist Montag und Sie sind in Ihrem Firmengebäude und beginnen gerade Ihre Arbeit.

Wo befinden Sie sich in diesem Gebäude genau? Was sehen Sie? Was hören Sie? Welche Kollegen und Mitarbeiter treffen Sie? Wie fühlen Sie sich? Was machen Sie genau?

Selbst wenn wir Ihren Bürokollegen dasselbe Gedankenexperiment machen lassen hätten, hätte er ein ganz anderes Bild im Kopf als Sie. Jetzt stellen Sie sich vor, dass alles, was Sie als Führungskraft an Ihre Mitarbeiter kommunizieren, in deren Vorstellungen ganz unterschiedliche mentale

Repräsentationen und Vorstellungen hervorrufen wird als das, was Sie sich darunter vorstellen.

Wenn Sie sich bewusst machen, dass jedes Gehirn eigene mentale Repräsentationen hat, was bedeutet dann die „gehirngerechte" Führung für Sie?

In diesem Gedankenexperiment handelt es sich um eine komplexe mentale Repräsentation, da viele Gehirnzellen bei solchen Vorstellungen beteiligt sind. Die ganze Welt ist bereits in den menschlichen Gedanken abgebildet. Jeder trägt ein Abbild seiner Wirklichkeit in sich. Das Gehirn produziert gedankliche Abstraktionen für bestimmte Situationen, für die Empfindungen und für die Wahrnehmung der anderen Personen und deren Gedanken. Man stellt sich das automatisch vor, wie die andere Person über eine gewisse Situation denken kann, was ein absolut abstrakter Vorgang ist. Diese Abstraktionen kommen durch die Erinnerungsspuren zustande. Diese Erinnerungsspuren können fehlerhaft gespeichert werden und somit das Bild der Realität stark verzerren. Durch die Wahrnehmungsphänomene können diese Gedanken und somit das Abbild der Realität ebenfalls fehlerhaft abgespeichert werden. Wichtig zu beachten ist, dass die täglichen Entscheidungen auf den mentalen Repräsentationen basieren (vgl. Zimbardo, 2004).

Stellen Sie sich dazu einige Reflexionsfragen:

- Wie würden Sie Ihre mentalen Repräsentationen in Bezug auf Ihre Mitarbeiter einschätzen?

- Wie gelingt Ihnen die wertungslose Einstellung bei den Mitarbeitergesprächen?
- Wie gut kennen Sie die mentalen Repräsentationen Ihrer Mitarbeiter?
- Wie gelingt es Ihnen, bedingungsloses Interesse und Bereitschaft zuzuhören, zu zeigen?
- Wie oft kommt es vor, dass Sie bewerten, urteilen und kommentieren, anstelle Fragen zu stellen, um die Situation aus der anderen Perspektive zu verstehen?

3.2.2 WAHRNEHMUNG

Durch die Sinnesorgane kann der menschliche Körper verschiedene Informationen aufnehmen. Diese müssen zuerst verarbeitet werden. Als Wahrnehmung versteht man in der Psychologie den gesamten Prozess des Informationsgewinns durch die äußeren oder inneren Reize. Dieser Prozess beginnt mit der Aufnahme der Informationen durch die Sinnesorgane. Danach folgt die Interpretation und schließlich die Zuordnung von Informationen in die bereits bestehenden Informationskategorien im Gehirn. Als innere Reize sind die vom Körper gesendeten Signale zu verstehen, beispielweise Müdigkeit, Emotionen, Schmerzen. Bei der äußeren Wahrnehmung geht es um die Aufnahme der Signale aus der Umwelt von Mitmenschen, Gegenständen oder Situationen. Durch die kognitive Verarbeitung dieser Informationen im Gehirn entstehen unterschiedliche Kognitionen. Bei einer Wahrnehmung kommt es nicht nur auf die Sinnesorgane an, sondern wichtig sind sowohl Konzentration und Aufmerksamkeit als auch die Fähigkeit zu analysieren, zum Perspektivwechsel und zum Kategorisieren von Informationen (Stangl, 2021a).

Es gibt viele physikalische Phänomene, die von unseren Sinnenorganen nicht aufgenommen werden können. Dazu gehören beispielweise Magnetismus, Elektromagnetismus (Mikrowellen, Radiowellen), Radioaktivität, Ultraschall, Infrarot, chemische Zusammensetzungen der Gase und Gifte. Für menschliche Sinnesorgane sind diese Impulse unzugänglich, für andere Tierarten sind diese manchmal von existentieller Bedeutung. Die Wahrnehmung ist ein sehr komplexer Prozess, der nicht selten in Verzerrungen oder Fehlinterpretationen endet.

Es gibt auch in diesem Zusammenhang viele Wahrnehmungsfehler, die in der Psychologie schon längst bekannt sind und zum täglichen Leben gehören. Man kann unter anderem folgende Effekte in der unternehmerischen Praxis beobachten:

- Überstrahlender Reizkontext: Ein Reiz wird durch seine Stärke oder durch seine Bedeutung und auffällige Merkmale intensiver wahrgenommen, als er in der Wirklichkeit ist. Als Beispiel gilt hier der „Halo-Effekt".
- Reihenfolge des Reizes: Die erste und die letzte wahrgenommene Situation prägen sich sehr stark ins Gedächtnis. Deswegen beeinflussen diese das Gesamtbild. Als Bespiele gelten hier die „Primacy- und Recency-Effekte".
- Gestellte Erwartungen: Die Erwartungen haben natürlich auch einen Einfluss auf die Wahrnehmung auf das Umfeld, da die Reize entsprechend einer Erwartung gefiltert werden. Man spricht in diesem Fall von einer sich selbst erfüllenden Prophezeiung. Zu den Haupteffekten aus dieser Gruppe gehört unter anderem der „fundamentale Attributionsfehler", bei dem

die Situationsfaktoren unter- und Personenfaktoren überschätzt werden.

Praxisbeispiel „Halo-Effekt":

Stellen Sie sich folgende Situation vor: Sie übernehmen ein neues Vertriebsteam bestehend aus 8 Vertriebsmitarbeitern. In der Übergabe von Ihrem Vorgänger bekommen Sie die Informationen, dass ein junger Mitarbeiter Herr Müller in den letzten 12 Monaten gravierende Motivationsprobleme hatte. Seine Leistung ist deutlich gesunken, er kam nicht selten zu spät zur Arbeit und wirkte stets unkonzentriert und schnell genervt. Sein Verhalten hat zu einigen Flüchtigkeitsfehlern bei Angebotserstellung geführt und zur generellen schlechten Stimmung, was auch im Umgang mit den Kunden bemerkbar war. Es kam sogar eine offizielle Kundenbeschwerde über eine unprofessionelle Abwicklung von diesem Mitarbeiter. Der Mitarbeiter dokumentiert seine Arbeitsvorgänge nicht angemessen im CRM-System, obwohl es ihm bewusst ist, dass die Dokumentation seiner Kundenbesuche eine wichtige Verpflichtung ist. Das Verhalten resultierte seitens der vorherigen Führungskraft in mehreren mündlichen Ermahnungen und in der ersten schriftlichen Abmahnung. Der Vorgänger empfiehlt Ihnen somit auf den Mitarbeiter besonders zu achten und seine Leistung und Einstellung zur Arbeit ständig zu beobachten, um bei Bedarf rechtzeitig zu handeln.

In den ersten Wochen haben Sie nichts Auffälliges in der Zusammenarbeit mit dem Mitarbeiter beobachtet, jedoch einige Monate später merken Sie, dass die Dokumentation seiner Kundenbesuche aus der letzten Woche nicht geführt wurde. Es gibt keine dokumentierten Vorgänge, als ob der Mitarbeiter gar keinen

Kunden besucht oder kontaktiert hätte. Was würden Sie sich dazu spontan denken?

- Denken Sie, der Mitarbeiter hat die Kunden wahrscheinlich in der vergangenen Woche überhaupt nicht kontaktiert?

- Denken Sie, der Mitarbeiter hat die Kunden vielleicht kontaktiert, aber er hat das wahrscheinlich einfach nicht dokumentiert?

- Denken Sie, dass vielleicht das System einen technischen Fehler hatte, deswegen fehlen dort die Daten?

Nach solcher Übergabe über die Besonderheiten der Mitarbeiter von dem Vorgänger besteht eine sehr große Wahrscheinlichkeit, dass Sie dem Halo-Effekt unterliegen werden. Wenn Sie diesem Mitarbeiter begegnen, werden in Ihren Gedanken seine Handlungen und alle Äußerungen erst mal unter Generalverdacht stehen. Jegliche Sondersituationen werden jetzt zu Ungunsten der Mitarbeiter von Ihnen wahrgenommen, weil das Gesamtbild schon negativ gefärbt wurde.

Der **Halo-Effekt** entsteht, wenn bestimmte Eigenschaften oder Verhaltensweisen einer Person einen starken Gesamteindruck erzeugen und weitere Wahrnehmungen der Person überstrahlen. Die Bezeichnung als der „unmotivierte Mitarbeiter“ oder der „Low-Performer“ stellen solche starke Halo-Effekte dar, die weitere Eigenschaften oder Kompetenzen der Mitarbeiter in vielen Situationen überstrahlen. Dadurch entstehen bei der Mitarbeiterführung und bei der Kommunikation viele Vorurteilsfallen, je nachdem, welche Erfahrungen wir zuvor selbst gemacht haben oder welche „Etiketten“ man den anderen bereits zugeordnet hat. Die Einordnungen in: „motivierter und unmotivierter Mitarbeiter“ oder „zuverlässiger und unzuverlässiger Mitarbeiter“ mögen vielleicht den situativen Tatsachen entsprechen. Das Problem ist, dass unsere Wahrnehmung von einem „unzuverlässigen Mitarbeiter“ nicht nur in Bezug auf eine bestimme Situation aus der Vergangenheit beruht, sondern uns diesen Mitarbeiter auf allen anderen Gebieten als unzuverlässig bewerten lässt. Das hat seine Konsequenzen in der Praxis: Alle Meinungen und Äußerungen der Mitarbeiter werden so wahrgenommen, damit sie die bestehende Meinung und unsere existierenden Urteile bestätigen. Ansonsten würden wir unter sehr unangenehmem Gefühl der kognitiven Dissonanz leiden – und davor versucht uns unser Gehirn andauernd zu schützen.

Zu der zweiten Gruppe gehören die **Primacy-Recency-Effekte**. Der Primacy-Effekt ist zum Beispiel dann zu beobachten, wenn jemand einen guten ersten oder letzten Eindruck hinterlässt. Es entsteht dadurch ein Bewertungsmaßstab, der dazu führt, dass man gewisse Situationen oder Merkmale einer Person überbewertet. In der Praxis ist das dann zu beobachten, wenn ein Mitarbeiter bei dem Vorstellungsgespräch einen großartigen Eindruck hinterlässt. Dieser Eindruck erlaubt ihm zu einem späteren Zeitpunkt mehr Fehler zu machen als denjenigen, die nicht so einen guten ersten Eindruck hinterlassen haben und mit Bedenken eingestellt wurden. Somit bleibt die Einstellung des Managers zu einem neuen Mitarbeiter, der ihn bei dem Vorstellungsgespräch maximal positiv beeinflussen konnte, trotz seiner späteren Fehler nahezu unangetastet.

Der Recency-Effekt ist dann zu beobachten, wenn einem beispielweise ein gravierender Fehler unterläuft und dieser sich sehr stark in dem Gedächtnis anderen prägt. Solche Fehler hinterlassen ebenfalls sehr viel Einfluss auf die spätere Wahrnehmung von ähnlichen, aber auch von völlig anderen Situationen. Die Führungskräfte, denen dieses nicht bewusst ist, werden Schwierigkeiten haben, in den Jahresgesprächen wirklich das gesamte Jahr zu beurteilen und nicht nur die letzten paar Wochen oder Monate, in denen dieser Fehler unterlaufen ist. Somit ist es wichtig, für solche Beurteilungen, das gesamte Jahr über den Mitarbeiter zu dokumentieren um dann solche Notizen in die Jahresbewertung heranzuziehen. Auf der anderen Seite, können die positiven Situationen auf den Vergangenen Wochen ebenfalls solche Jahresbewertung strakt beeinflussen. Wenn die Führungskräfte über das gesamte Jahr die Informationen nicht sammeln und nicht die einzelnen Vorfälle dokumentieren, werden sie die Jahresgespräche auf Basis der letzten Wochen bewerten oder auf Basis der prägnantesten Situationen. Solche Jahresbewertungen, die ohne solide unterjährige Dokumentation laufen sind weit von Fairness und Objektivität entfernt.

Zu den weiteren Verzerrungseffekten gehört zum Beispiel der **fundamentale Attributionsfehler**. Dieser Fehler beschreibt die Tendenz der Beobachter, das menschliche Verhalten gegenüber der Situationseinflüsse zu überschätzen. Die Ursachen für ein Geschehen, als die rein zufällige oder situationsbedingte Ursachen kategorisiert werden können, werden nicht mehr berücksichtigt. Der menschliche Einfluss wird oft in den Organisationen überbewertet. Dabei ist es auffällig, dass in der Praxis nicht selten die Erfolge einer Person einem Zufall oder externen Einfluss zugeschrieben werden und die Misserfolge werden direkt personenbedingt interpretiert. Dieses passiert in der Praxis nicht selten bei den Führungskräften. Oft werden die Erfolge nicht direkt der Führungskraft zugeschrieben, Misserfolge aber schon. Solche Effekte sind nicht selten zu beobachten und wie sich in der Praxis bei vielen Managern und Führungskräften ergibt: nicht alle, die versagen, entlassen werden, und nicht alle, die entlassen werden, haben versagt.

Überprüfen Sie Ihre eigenen Attributionen:

- Denken Sie an einen letzten Erfolg Ihres besten Mitarbeiters. Wie kam er zustande? Denken Sie, Ihrer Mitarbeiter hat den Erfolg aus eigener Kraft geschafft? Stellen Sie sich jetzt noch mal einen letzten Erfolg eines anderen, leistungsschwächeren Mitarbeiters vor. Erkennen Sie einen Unterschied in der Wahrnehmung?
- Wenn Sie an Ihren erfolglosesten Mitarbeiter in Bezug auf seine vertriebliche Leistung denken, welche Ursachen schreiben Sie dem Misserfolg zu? Ist das allein seine mangelnde Leistungsbereitschaft oder fehlende Motivation? Zu welchem Anteil bewerten Sie dazu noch die externen Einflüsse, z.B. Kundenportfolio, Größe des Gebiets, das er betreut, die aktuelle wirtschaftliche Lage etc.?

Es gibt noch jede Menge Effekte, die unsere Wahrnehmung beeinflussen. Einer der Möglichkeiten, diesen Effekten zu entkommen, ist die Kompetenz der Selbstreflexion, die in dem kommenden Kapitel beschrieben wird.

3.2.3 SELBSTREFLEXION

Die Selbstreflexion ist eine sehr wichtige Fähigkeit in der Führungspraxis. Sie ermöglicht die Betrachtungsperspektive zu ändern und aus dem Muster-Denken zu abstrahieren. Die Fähigkeit zur Reflexion kann gut erlernt werden. Die Selbstreflexion in der Führung ist der Schlüssel für eine echte und authentische Verhaltensoptimierung. Der Lernprozess und Entwicklungsprozess der eigenen Persönlichkeit können erst dann wirklich zustandekommen, wenn man aktiv über die eigene Denkweise, Gefühle und das Verhalten und dessen Auswirkung auf andere nachdenkt. Die Selbstreflexion ist nicht einfach, besonders wenn sich dabei viele negative Gefühle herauskristallisieren. Deswegen bedarf es einer gewissen Tapferkeit ehrlich zu sich selbst zu sein und gewisse Fehler und misslungene Verhaltensweisen auch eingestehen zu können und diese modifizieren zu wollen und nicht davor gedanklich zu flüchten. Zudem ist es wichtig, die Selbstreflexion von der reinen Analyse der Situation zu unterscheiden. Selbstreflexion ist ein viel tiefergehender Prozess als nur eine Analyse der Gegebenheiten. Mit der Analyse entdeckt man anhand vieler Informationen ein gewisses Muster und strukturiert man die Fakten aus einer Perspektive mit dem Ziel, eine Lösung zu finden. Selbstreflexion ist dagegen ein viel komplexerer Denkprozess. In diesem komplexen Denkprozess geht es um die Erkennung gewisser Denkmuster mit den begleitenden Motiven, Werten und Ansichten, die man hat. Viele der Hintergründe im Verhalten, die mit unseren Wertehaltungen einhergehen, sind uns gar nicht bewusst. Die Selbstreflexion bedeutet die Erkenntnis darüber, wie sich die eigenen Handlungen auf andere Menschen und Situationen auswirken. Dabei ist eine absichtslose und genaue Beobachtung, Interpretation und

Einleitung entsprechender Entwicklungsmaßnahmen von zentraler Bedeutung.

Es gibt zahlreiche Faktoren, die die Selbstreflexion begünstigen können. Dazu gehören vor allem die Bereitschaft dazu, ebenso ein ruhiger Ort und Offenheit mit sich selbst, aber vor allem die Informationen, die man reflektieren kann. Diese Informationen müssen erst mal gewonnen werden und das kann mit kurzen Reflexionsfragen geschehen. Im Folgenden gibt es ausgewählte Fragen zur Selbstreflexion:

- Was sind meine Stärken?
- Worauf bin ich stolz?
- Wofür loben mich die anderen?
- Was ist mir wichtig und worauf lege ich besonderen Wert?
- Was schätze ich sehr an mir?
- Was bereitet mir eine große Freude?
- Was gibt mir das Gefühl von Sicherheit?
- Was gibt mir das Gefühl von Orientierung?
- In welcher Situation bin ich an meine Leistungsgrenzen gestoßen?
- Was möchte ich noch gerne können?
- Welches Verhalten an mir gefällt mir nicht?
- Warum gefallen mir gewisse Verhaltensweisen nicht?
- Wofür kritisieren mich die anderen?
- Wie gehe ich mit Kritik um?
- Was würde ich gerne anders tun?
- Welche Ziele setze ich mir?
- Was möchte ich als Nächstes tun?
- Welche Unterstützung brauche ich noch?

Das Ziel bei diesen Fragen ist nicht, alles jedes Mal beantworten zu müssen, sondern sich einfach ein paar Fragen auszuwählen, die Sie im Denken unterstützen. Es gibt für jede Situation manchmal nur ein paar essenzielle Fragen, die zu vielen wertvollen Erkenntnissen führen können.

Im nächsten Kapitel werden die neurologischen Zusammenhänge dargestellt, die die Führung in unterschiedliche Bahnen lenken können, um ein optimales Führungsmilieu für die Mitarbeiter zu gewährleisten.

3.2.4 FÜHRUNG DURCH DAS BELOHNUNGSSYSTEM

Eines der wichtigsten Systeme in Bezug auf die Prinzipien der hirngerechten Führung ist das Belohnungssystem. Dieses System sorgt für die Erfüllung der menschlichen Bedürfnisse und für die Motivation zu Handlungen und zu bestimmtem Verhalten. In diesem System wird eine Belohnungserwartung eingesetzt und damit einhergehendes Verlangen, diese Erwartung zu stillen. Es gibt zwei unterschiedliche Motivationssysteme, die dieses steuern. Der hauptverantwortlicher Botenstoff für das erste System ist Dopamin für das zweite System Oxytozin. Dopamin wirkt als Antreiber und Motivator. Die Wirkung des Dopamins kann man sich anhand eines einfachen Beispiels vorstellen:

Ein Kind möchte ein Eis essen. Sein Gehirn schüttet in dem Moment Dopamin aus und beeinflusst sein Verhalten, das sich jetzt an die Erfüllung dieses Bedürfnisses richtet. Das Kind äußert seinen Wunsch, aber die Eltern erfüllen den nicht sofort. Das Bedürfnis nach Eis geht mit der Absage der Eltern nicht weg. Der Dopamin-Spiegel bleibt konstant oder wächst, sobald sich das Kind noch intensiver das Eis vorstellt. Das Kind drückt in seinem Verhalten seinen Wunsch nach Eis noch deutlicher aus, bis es anfängt sehr unruhig zu werden und sich noch mehr auf sein Ziel fokussiert. Wenn das Kind demzufolge dann doch ein Eis bekommt, steigt der Dopamin-Spiegel noch mehr und gibt ihm das Gefühl von tiefer Belohnung und Freude. Dopamin ist die Ursache von Vorfreude, wenn wir etwas in der Zukunft erwarten und uns den erreichten Zielzustand vorstellen. Die Wirkung des Dopamins, die uns diese Vorfreude gibt, ist in der beruflichen Praxis von zentraler Bedeutung. Anders als im Beispiel mit dem Eis, in dem das Verlangen aus der Erfahrung resultiert (das Kind weiß, wie das Eis schmeckt, weil es dies schon früher ausprobiert hat), gibt es auch Verlangen nach Zielzuständen, die nicht aus der Vorerfahrung resultieren, sondern allein aus der subjektiven Vorstellung. Und das ist das Spannendste in der Wirkung von Dopamin. Angenommen wir wollen eine Beförderung, eine höhere Position erreichen, mit der eine neue Rolle mit neuem Tätigkeitsfeld in Verbindung steht. Bevor wir jedoch diese Stelle erreichen, können wir logischerweise nicht wissen, wie sich das überhaupt anfühlt, eine solche Position zu haben und in dieser Rolle zu agieren. Das Einzige, was uns dazu motiviert, nach dieser Position zu streben, ist die reine subjektive Vorstellungskraft, in der wir uns Gedanken darüber machen: Wie hätte es sein können, wenn ich die andere Position hätte? Dopamin wird trotzdem ausgeschüttet und unser Verhalten wird damit beeinflusst. Umso intensiver, je öfter und genauer wir uns das Ziel vor Augen halten und sich den Zielzustand vorstellen.

Es gibt jedoch neben dem Dopamin ein anderes System, welches das Belohnungszentrum aktiviert. Für diese Aktivierung des positiven Gefühls ist unter anderem Oxytozin verantwortlich, das komplett anders als Dopamin wirkt. Oxytozin wird im Gehirn aller Säugetiere produziert und ist sowohl bei Frauen als auch bei Männern für viele biologische Prozesse verantwortlich. Sie beeinflusst bei Frauen die Einleitung zur Geburt und sorgt dafür, dass die Muttermilch fließt. Oxytozin ist auch das wichtigste Hormon für den weiblichen Orgasmus. Bei Männern sorgt das Oxytozin unteranderem dafür, dass sich der Samenleiter rhythmisch verengt. Auf der anderen Seite sorgt das Hormon für die zwischenmenschliche Bindung beider Geschlechter in sozialen Interaktionen, ob das zwischen Mutter und Kind, zwischen Mann und Frau, zwischen Freunden, Arbeitskollegen oder Vorgesetzten und den Mitarbeitern ist. Wo es das Gefühl des gegenseitigen Vertrauens, Fürsorge und Zuversicht gibt, dort ist das Oxytozin im Spiel. Gleichzeitig hemmt das Hormon das Angstgefühl und verringert somit die negativen Gefühle, die mit Angst und Furcht zusammenhängen (Kleine & Rossmanith, 2021). Also je mehr Vertrauen geschaffen wird, desto mehr Oxytozin produziert und desto mehr der Cortisol-Spiegel herabgesetzt wird. Oxytozin ist somit für die Bindung der sozialen Beziehungen von zentraler Bedeutung und ist für die generelle Fähigkeit des Individualismus verantwortlich, sich in die sozialen Gruppen zu integrieren (Wolff, 2008). Ein Mangel an Oxytozin führt zu den Defiziten in den sozialen Fertigkeiten und damit zu geringerer Lebensqualität und Gefährdung für den gesamtgesellschaftlichen Zusammenhang (Förster, 2012).

Anwendung der zwei Botenstoffe Dopamin und Oxytozin in der Führungspraxis kann sehr wirksam sein. Für das Dopamin sind die motivierenden und vielversprechenden Zukunftsaussichten wichtig, um zielgerichtetes Verhalten auszulösen und die Produktion von Dopamin anzuregen. Die Vereinbarung von realistischen und attraktiven Zielen aktiviert das Belohnungssystem. Die Ziele sollten zudem auch relativ anspruchsvoll, wertschätzend für die Erfahrung und das Wissen der Mitarbeiter sein sowie sinnvoll und wichtig. Der zu erwartende Sollzustand sollte somit einen Mehrwert generieren, Stolz und Glück auslösen. Die gesamte Kommunikation, die zur Vorstellung von solchen Zielen führt, ist in der Praxis eine Führungsaufgabe. Um die Oxytozin-Produktion anzuregen braucht es ein vertrauensvolles und fürsorgliches, angstfreies Umfeld. Das Vertrauen der Mitarbeiter gewinnt man durch den Vertrauensvorschuss, Unvoreingenommenheit und durch einen empathischen, authentischen Umgang und mehr personenorientierte als aufgabenorientierte Führung.

3.2.5 FÜHRUNG DURCH DIE STRESSREDUKTION

Das Stresssystem stellt neben dem Belohnungssystem das zweitwichtigste System in Bezug auf gehirngerechte Führung dar. Die Stressprävention in einer Organisation liegt in der Verantwortung der Führungskraft. Die Vorgesetzten sind in der Vorbildrolle für die Mitarbeiter. Durch eigenes Verhalten tragen die Führungskräfte sehr viel entweder zur Stressentstehung oder zur Stressprävention bei. Sie können wie ein Stresskatalysator sein oder ein Stresstransformator, je nachdem, welchen Umgang Sie selbst als Führungskraft mit dem Stress praktizieren. Außer dem Umgang mit dem Stress direkt gibt es noch weitere Einflussmöglichkeiten für die Führungskräfte, das Stressniveau in der Abteilung zu beeinflussen. Dies geschieht durch die Arbeitsabläufe, Art und Komplexität der Aufgaben, Klarheit der Regeln und Zusammenhalt des Teams.

Stress stellt einen komplexen Stimulus-Reaktion-Mechanismus dar. Dieser Mechanismus ist dafür da, die unterschiedlichen Körperfunktionen im Falle einer Gefahr schnellstmöglich zu mobilisieren. Überall dort, wo eine erhöhte Aufmerksamkeit benötigt wird, werden unterschiedliche Neurotransmitter und Hormone ausgeschüttet, die eine körperliche und geistige Bereitschaft für Aktivitäten anregen. Dabei spielen die Hormone Adrenalin, Cortisol und ACTH die entscheidende Rolle. Sie vermindern die Verdauungsfunktionen, hemmen die Wahrnehmung, hemmen das Denkvermögen und kognitive Leistungen, da all diese Vorgänge bei der schnellen Bewältigung der Gefahr (Flucht oder Kampf) nicht notwendig sind (Kleine & Rossmanith, 2021). Heutzutage sind die Menschen viel öfter einem langanhaltenden Stressempfinden ausgesetzt als diesen plötzlichen Gefahrensituationen. Das bedeutet, die Stresshormone fließen andauernd in der Blutbahn und verhindern einige Funktionen im menschlichen Organismus. Im Folgenden werden die Ursachen für langanhaltendes Stressempfinden im Berufsleben aufgezählt:

- Druck bei der Arbeit, vor allem Leistungsdruck, aber auch Erfolgs- und Karrieredruck
- das eigene hohe Anspruchsniveau
- hohe Erwartungshaltung anderer Personen in der Organisation (Chef, Mitarbeiter)
- unbefriedigte Grundbedürfnisse wie Wertschätzung, Autonomie, Sicherheit
- Mobbing am Arbeitsplatz
- Mangel an sozialen Bindungen
- Unter- oder Überforderung
- Perfektionismus

- Narzissmus
- der Drang, es allen recht zu machen

Interessanterweise lässt uns unser Gehirn unter Wirkung von Stressauslösern oft aus Eigenschutz zu diesen negativen Gedanken gar nicht zu. Wir wenden uns diesen bedrohlichen Situationen nicht mit voller Aufmerksamkeit zu, weil sonst die Gedanken das Gefühl von stärkerer Angst auslösen könnten (Grawe 2004). Der größte Teil der negativen Stressauslöser bleibt in unseren Gedanken verdrängt, bis es manchmal so weit ist, dass erst die körperlichen Symptome für dauerhaften Stress bemerkbar werden, ohne dies zu merken, dass der Ursprung also die psychischen Belastungen dermaßen unterdruckt wurden. Der gesamte Organismus wird durch die Wirkung der Stresshormone beansprucht und das wirkt sich schädigend auf unsere Gesundheit aus. In der natürlichen Abwehrfunktion unseres Organismus gegen die Gefahr reagiert unser vegetatives Nervensystem mit Schweißausbrüchen, erhöhtem Blutdruck, beschleunigtem Herzschlag usw. Im langfristig anhaltenden Stress sind die Reaktionen viel subtiler, jedoch genügend stark, um unseren Körper und kognitive Funktionen zu beeinträchtigen. Normalerweise würden sich bei einer vorübergehenden Gefahrsituation die Stresshormone wieder abbauen und das System würde sich ausbalancieren. Bei langfristigen Stressreaktionen gibt es eine solche hormonelle Ausbalancierung nicht. Die Vorstellung, dass wir mit diesem „alarmierten" Körper zur Arbeit gehen oder noch schlimmer: abends im Bett liegen und ständig diese unangenehmes Bedrohungsgefühl in sich spüren, ist ernüchternd. So ein Zustand eines andauernd „alarmierten" Körpers nennt sich in der Psychologie: **somatischer Marker**

(Damasio, 2005). Dieses Gefühl kommt durch die Ausschüttung von Cortisol und Adrenalin. Diese Hormone beeinflussen auch die Ausschüttung von anderen wichtigen Hormonen und bringen somit langfristige Komplikationen mit sich. Zum einen reduziert das Cortisol die Ausschüttung von Melatonin – einem Schlafhormon, somit ist auch die Schlaffunktion gestört. Zum anderen wird die Produktion von Testosteron und Oxytozin reduziert, was auf der anderen Seite den Sexualtrieb sowohl bei Männern als auch bei Frauen deutlich reduziert und auf der anderen Seite die Vertrauensbereitschaft senkt. Die Stresshormone unterdrücken auch das Immunsystem, somit ist die Anfälligkeit auf verschiedene Krankheiten größer (Kleine & Rossmanith, 2021).

In der beruflichen Praxis ist das Thema Stress schon sehr breit erforscht. Eine der wichtigsten daraus resultierenden Krankheiten ist das Burnout. Burnout steht in der internationalen Klassifikation ICD-10 GM (International Statistical Classification of Diseases and Related Health Problems, 10. Revision, German Modification) nicht als separate Krankheit, sondern gehört zu der Gruppe psychischer Belastungen unter dem Sammelbegriff: „Probleme mit Bezug auf Schwierigkeiten bei der Lebensbewältigung“. Burnout betrifft in seinen unterschiedlichen Erscheinungsformen knapp 20 % der Bevölkerung in Deutschland und in der Studie von DAK wurde errechnet, dass es im Jahr 2019 drei Mal so viele Fehltage wegen psychischen Belastungen gab als im Jahr 1997 (DAK-Psychoreport, 2019). Zu den Hauptsymptomen bei Burnout gehören: der Zustand totaler emotionaler Erschöpfung, Mangel an Entspannung oder Freizeit, langfristig andauernder Stress. Laut Maslach (2001) kann man Burnout in drei Dimensionen aufteilen:

I. **Emotionale Erschöpfung** – Diese bedeutet eine langfristige emotionale Anspannung, die mit einem erhöhten Cortisol-Spiegel im Blut zusammenhängt. Mit der Erschöpfung kommen die Reizbarkeit und Antriebslosigkeit. Durch die Anspannung kommen die spätere Müdigkeit und Kraftlosigkeit.

II. **Depersonalisation:** Damit ist eine Meidung der sozialen Kontakte gemeint. Eine Art von Rückzug und Distanzierung von den Kollegen, Kunden, aber auch Familienmitgliedern. Die Personen wirken gelichgültig und manchmal werden sie auch zynisch.

III. **Misserfolgserlebnisse:** Die eigenen Ansprüche werden immer größer und die erbrachten Leistungen werden subjektiv als nicht ausreichend und mangelhaft erlebt. Die Betroffenen fühlen sich ineffektiv und ineffizient und meinen, den Anforderungen der anderen nicht zu genügen.

Zu den weiteren psychischen Symptomen beim Burnout gehören oft die Gefühle einer Sinnlosigkeit und tieferen Demotivation. Es kommt nicht selten zu erhöhtem Medikamenten- und Alkoholmissbrauch. Weitere Symptome können Kopfschmerzen, Verdauungs- und Schlafstörungen sein.

Die Stressreaktionen als auch Burnout hängen stark mit langfristig unbefriedigten Grundbedürfnissen zusammen. Es entsteht eine Art der „Inkongruenz" im psychischen Empfinden. Das kann beispielweise durch mangelnde Sicherheit des Arbeitsplatzes sein oder die mangelnde Wertschätzung und Anerkennung. Die sozialen Bindungen spielen im Arbeitskontext auch eine wichtige Rolle. Die Personen, bei denen die Grundbedürfnisse auf einem ausreichenden Niveau befriedigt sind, sind grundsätzlich auch stressresistenter (Grawe, 2004). Dabei muss man auch als eine Führungskraft berücksichtigen, dass Stress sehr subjektiv ist. Das bedeutet, dass es sehr viel Empathie und Einfühlungsvermögen bedarf, sich in die Situation der Mitarbeiter versetzen zu können, um überhaupt interpretieren zu können, ob eine Situation aus Sicht der Mitarbeiter stressig sein kann oder als herausfordernd und somit als attraktiv gesehen werden kann. Es geht hier somit mehr darum, die potenziellen Stressquellen bei den Mitarbeitern rechtzeitig zu erkennen und sie davor zu schützen. Hierzu ist zu beachten, dass man so etwas nicht durch eine direkte Anfrage erkunden sollte, ob die Mitarbeiter Stress empfinden, sondern eher nach konkreten Symptomen fragen sollte, um feststellen zu können, auf welchem Stressniveau sich der Mitarbeiter aktuell befindet und welche Bewältigungsstrategien er für die stressauslösenden Situationen hat. Oft werden die ersten Anzeichen von Stress von den Betroffenen unterdrückt und gar nicht wirklich wahrgenommen oder nicht bewusst empfunden, weil sie als Kränkung des Selbstwerts gesehen werden können. Achten Sie bei den Mitarbeitern besonders auf folgende Symptome und versuchen Sie indirekt danach zu fragen:

- Verdauungsstörungen,
- Gleichgewichtsstörungen,
- Schlafstörungen,
- Kopfschmerzen,
- Müdigkeit,
- Muskelverspannungen,
- Herzklopfen,
- Bauchweh,
- Tinnitus,
- Magengeschwür,
- Muskelzucken

Die Führungskräfte sind hier in der Verantwortung bei Erkennung von solchen Symptomen bei den Mitarbeitern entsprechend zu reagieren und dem Mitarbeiter Unterstützung zu bieten.

3.2.6 FÜHRUNG DURCH EMOTIONALE STABILISIERUNG

Emotionen sind laut Stangl (2021b) komplexe Verhaltensmuster, die evolutionsbedingt im Laufe der Zeit im menschlichen Gehirn entwickelt wurden. Dank Emotionen ist die schnelle Anpassung des Handelns an bestimmte Situationen möglich. Um eine Emotion zu entwickeln und auszudrücken, ist die Zusammenarbeit mehrerer Vorgänge notwendig: Es benötigt kognitive (kortikale und subkortikale) Mechanismen im Gehirn für die Aufnahme und Verarbeitung externer Reize. Nach der Verarbeitung wird die Erkennung der neurophysiologischen Muster aktiviert, die aus den gespeicherten Erfahrungen resultieren. Drauffolgend kommt ein motorischer Ausdruck als Reaktion auf diese Wahrnehmung basierend auf den Motivationstendenzen. Der emotionale Ausdruck bleibt bei allen Menschen weltweit gleich (vgl. Franken 2004). Das bedeutet, dass Freude, Traurigkeit, Schreck oder Verwunderung in allen Kulturen ähnlich zum Ausdruck gebracht werden. Die Emotionen sind einerseits evolutionär bestimmt, auf der anderen Seite werden die Interpretation und der Ausdruck der Emotionen durch Lernprozesse im Laufe des Lebens mitentwickelt. Das bedeutet, die Art und Weise, wie Menschen fühlen und wie sie mit diesen Gefühlen umgehen, hängt stark vom sozialen und kulturellen

Umfeld ab. Ein großes Ausmaß der Empathie und sozialen Kompetenzen hängt von dem Erstbetreuer ab, der uns in der Kindheit begleitet (Stangl, 2021b). Die Emotionen beeinflussen durch die Ausschüttung von Neurotransmittern und Hormonen die organischen Prozesse. Dazu gehören unter anderem: Muskelverspannung, Erweiterung oder Verengung der Pupillen, Magen-Darm- Tätigkeit, Atmung, Herzfrequenz, Schweißausbrüche. Die Atmung beeinflusst deutlich auch die Gehirnfunktionen, wie die Studie von Zelano et al. (2016) zeigt. Die Probanden, denen man die Bilder von verschiedenen emotionalen Ausdrücken gezeigt hat, konnten die angstvollen Gesichter schneller beim Einatmen erkennen als beim Ausatmen. Die Gesichter, die Überraschung zeigten, konnten gleichmäßig schnell beim Ein- und Ausatmen erkannt werden.

Zentral für die Führungspraxis ist die Emotionsregulation und die Emotionsarbeit. In den 90er Jahren wurde das Konzept **Emotionsarbeit** durch Hochschild (1990) zum ersten Mal beschrieben. Emotionsarbeit bedeutet das Management des Fühlens, das im beruflichen Kontext auf sichtbarer Darstellung der Gefühle im Tausch für Lohn basiert. Der Ursprung dieses Konzepts basiert auf den Dienstleistungsbranchen und dem Umgang mit den Kunden. Es ist in vielen Berufen vorgeschrieben, wie ein solcher Umgang und solche Interaktionen mit den Kunden aussehen sollten. Die Kellner oder die Flugbegleiter sollten sich stets bemühen sympathisch und nett zu wirken, sie sollten lächeln und aufmerksam für die Kundenbedürfnisse sein. Auf der anderen Seite gibt es Berufe, in denen negative Gefühle angemessen sind, z.B. in Bestattungsunternehmen, wo man mit den Kunden auch das Leid teilen sollte. Ein Angestellter von Inkassounternehmen sollte bei den anderen gewisse Angstgefühle hervorrufen (vgl. Sutton, 1991). Im Grunde genommen basiert das Konzept immer darauf, gewisse

Gefühle zu zeigen, selbst wenn man diese nicht wirklich fühlt, und auf der anderen Seite gewisse Gefühle zu unterdrücken. Solche Regeln, wie der Umgang mit den Kunden aussehen sollte, werden in vielen Betrieben schriftlich fixiert bzw. auch den Mitarbeitern in der Einarbeitung und in den Trainings vermittelt (Rastetter, 2008).

Auch für erfolgreiche Führungskräfte ist die Emotionsarbeit von zentraler Bedeutung. Hier geht es jedoch nicht darum, immer nur die positiven Emotionen zu zeigen, sondern es geht vor allem um die emotionale Stabilität, die man den Mitarbeitern vermitteln sollte, um die maximale Sicherheit und Vorhersehbarkeit für die zukünftigen Entwicklungen zu erreichen. Die Ermittlung der emotionalen Stabilität ist auch eine herausfordernde Emotionsarbeit für die Führungskräfte, die meist selbst in einem sehr unstabilen Umfeld agieren. Es gibt sehr viel Verantwortung und es müssen tagtäglich viele Entscheidungen getroffen werden. Es gibt Anweisungen von oben und Umsetzungsprobleme in der Praxis, die gewisse Konsequenzen mit sich bringen. Nicht selten ist der Frustrationsspiegel im Alltag bei einer Führungskraft enorm. Die emotionale Stabilität ist deswegen so wichtig, damit die Mitarbeiter selbst keine negativen Emotionen entwickeln, was mit der Ausschüttung von Stressbotenstoffen einhergeht und viele negative Folgen mit sich bringt. Um die Mitarbeiter auf das hohe Leistungsniveau zu bringen und somit die Abteilung effizient zu führen, muss an erster Stelle das Stressniveau unter Kontrolle gehalten werden. Und wenn die Mitarbeiter selbst schon viele Stressquellen im Alltag haben (im Vertrieb stellen z.B. variable Prämiensysteme einen Grund zur andauernden Anspannung dar, die mit den existenziellen Sorgen einhergeht), dann sollte die Führungskraft nicht eine zusätzliche Stressquelle sein, sondern eben der Gegenspieler. Im Folgenden gibt es einige

Reflexionsfragen für die Führungskräfte, die den Umgang mit Emotionen bewusster machen sollten:

Reflexionsfragen:

- Zu wie viel Prozent (1–100 %) begleiten mich die negativen Emotionen in meinem beruflichen Führungsalltag?
- Wie gut gelingt es mir, die emotionale Stabilität den Mitarbeitern zu vermitteln?
- Wir gut gelingt es mir, bestimmte ungewollte Emotionen zu unterdrücken und dafür andere (gewollte) Emotionen gezielt zu zeigen?
- Wie gut kann ich die Emotionen bei meinen Mitarbeitern erkennen?
- Wie gut gelingt es mir, die wichtigen von den weniger bedeutungsvollen Emotionen zu unterscheiden?
- Wie gut gelingt es mir, die Emotionen in angemessener Art und Weise auszudrücken und bei anderen zu erzeugen?
- Wir gut gelingt es mir im Alltag, die negativen Emotionen grundsätzlich zu reduzieren?

Es gibt unterschiedliche Methoden für den Umgang mit negativen Emotionen. Die Selbstreflektion hilft uns erst mal, die Emotionen anders zu bewerten oder die Aufmerksamkeit auf andere Aspekte der Situation zu lenken. Bewusste Wahrnehmung der Emotionen hilft ebenfalls die emotionalen Zustände auf das Positive zu lenken. Bei den Mitarbeitergesprächen ist es wichtig, einen Perspektivwechsel vorzunehmen und einen Blick weg von den Details auf das Allgemeine zu schaffen. Nicht selten gibt es die

Situationen, die man einfach nicht verändern und nicht beeinflussen kann. In diesem Fall können nur die Akzeptanz und die Fähigkeit loszulassen hilfreich sein, um sich selbst von den negativen Einflüssen aus dem Umfeld zu schützen. Man kann versuchen sich auch von der Sache grundsätzlich zu distanzieren und diese gar nicht so ernst zu nehmen. Die Gelassenheit kann durch Meditation und Übung der Achtsamkeit trainiert werden. Wichtig ist auch zu wissen, dass eine Unterdrückung der Emotionen ebenfalls nicht immer positiv ausgeht. Die Emotionsarbeit ist sehr schwierig und kostet sehr viel Energie. Diese Emotionsarbeit ist im Führungsalltag eine bezahlte Arbeit, da man in einer bestimmten Rolle agiert, um wirkungsvolle und zielorientierte Handlungsweisen zu erreichen. Die Emotionsregulation kann trainiert werden. Die Stärkung der emotionalen Kontrolle hat sehr viel mit Steuerung des Hormonspiegels zu tun. Berking (2015) berichtet, dass bei der Emotionsregulation wichtig zu verstehen ist, dass auch die negativen Emotionen eine wichtige Rolle erfüllen und dass diese kurzfristig unschädlich für unseren Körper sind, jedoch, wenn sie langfristig anhalten, zu negativen Folgen führen können. Berking schreibt: „Wir sollten wissen, dass Emotionen nicht direkt mit dem Willen gesteuert werden können, aber dadurch beeinflussbar sind, dass man die auslösenden und aufrechterhaltenden Faktoren (Wahrnehmungen, Gedanken, Ziele etc.) identifiziert und diese gezielt verändert“ (Berking 2015, S. 25).

An dieser Stelle ist auch wichtig zu wissen, dass sich die geistige Stimmung meistens in der Körperhaltung manifestiert. Durch Gestik und Mimik sind wir in der Lage, sehr viel aus dem Geist der Menschen „abzulesen“. In einer Studie wurde festgestellt, dass die Mimik eine rückwirkende Wirkung auf das Emotionserleben hat. In einem berühmten Experiment hat man den

Probanden einen Stift gegeben, den sie sich quer in den Mund zwischen die Zähne stecken sollten. Dadurch wurde die Gesichtsmuskulatur anregt, die sonst beim echten Lachen aktiviert wäre. Dieses führte bereits nach einer Minute zur Ausschüttung der Glücks-Hormone und Botenstoffe, die den Probanden in eine bessere Stimmung gebracht haben. Die Comics, die sie dabei gelesen haben, fanden diejenigen mit dem Stift zwischen den Zähnen viel lustiger als die Versuchsgruppe, die ohne den Stift die Comics gelesen hat (Strack, Martin & Stepper, 1988).

In vielen weiteren Studien wurde auch die Wirkung der Körperhaltung auf die Stimmung und Gefühle untersucht. Die Wirkung der Körperhaltung beeinflusst die psychologischen Prozesse und Verhaltensweisen. Carney, Cuddy und Yap (2010) haben in einer Studie an der Harvard University bewiesen, wenn man eine kraftvolle Körperhaltung annimmt („power posing"), dann beeinflusst diese positiv das Verhalten bei einem Vorstellungsgespräch oder beim Halten einer Rede. Die Probanden, die beispielweise für eine Minute die Arme nach oben gehalten haben wie nach einem Sieg, fühlten sich bereits nach einer Minute viel stärker und selbstbewusster.

Diese Erkenntnisse sind sehr wertvoll bei der Entwicklung von Vertriebsmitarbeitern, die manchmal noch Zweifel an sich selbst haben, wenn es um besonders große oder wichtige Kunden geht. Diese körperliche Vorbereitung vor jedem Gespräch mit wichtigen Kunden kann viele positive Effekte bringen. Auch während der Autofahrt zum Kunden kann man sich positiv mit Musik oder einem motivierenden Vortrag sehr einfach und effektiv helfen.

In Bezug auf die Emotionen ist ebenfalls das Thema *Treffen von Entscheidungen* sehr wichtig zu erwähnen. Jeden Tag müssen unzählbar viele Entscheidungen getroffen werden, die unseren Alltag gestalten. Wir müssen tagtäglich entscheiden, was wir anziehen, was wir essen oder trinken, mit wem wir uns treffen wollen und worüber wir sprechen wollen. Auch bei jeder Körperbewegung fallen zahlreiche Entscheidungen. Die meisten von diesen Entscheidungen sind uns nicht immer völlig bewusst. Sie fallen unter dem Einfluss von unbewussten Systemen in unserem Gehirn und natürlich unter dem Einfluss von Emotionen. Die automatische Funktion unseres Gehirns, die Entscheidungen ohne komplexe Denkprozesse zu steuern, hat ihre Vorteile. Wir verlieren uns dank dieser Funktion nicht in den Kleinigkeiten und verschwenden somit nicht die Energie für Unwesentliches. Die Frage ist nur, woher weiß unser Gehirn, was wirklich unwesentlich ist und was sehr wichtig sein könnte? Weiß das Gehirn das tatsächlich? Und wenn wir schon eine wichtige Entscheidung treffen müssen und diese dann auch bewusster getroffen wird, wie erkennt man, ob das eine gute Entscheidung war? In der Psychologie spricht man bei den guten Entscheidungen von einer **Kongruenz.** Kongruenz entsteht dann, wenn die Vernunft und das Gefühl dazu übereinstimmen und man sich sowohl auf der rationalen als auch emotionalen Ebene mit einer Entscheidung gut fühlt. Bei fehlender Übereinstimmung zwischen der Vernunft und dem Gefühl entsteht Inkongruenz, die auch als kognitive Dissonanz bezeichnet wird und die uns allen als unangenehmes Gefühl bekannt ist. Die Dissonanz entsteht dann, wenn uns die Gefühle zu etwas treiben, wovon uns der Verstand abhalten will, und auch umgekehrt.

Im Gehirn sind somit zwei Hauptsysteme zu unterscheiden: das emotionale (Teil des limbischen Systems) und das rationale System. Das emotionale System wird dann aktiviert, wenn die Situation als eher ungenau wahrgenommen wird (Roth, 2010). Die

Reaktionen auf solche Situationen passieren in Sekundenbruchteilen ohne Aktivierung des bewussten Systems. Das rationale System findet seinen Ursprung im präfrontalen Cortex. Der Denkprozess läuft hier viel langsamer und komplexer ab. Dieser Prozess führt zu einer abgewogenen, situationsangemessenen Handlung. Dieses System ist jedoch nicht unabhängig vom limbischen System, sondern arbeitet mit den emotionalen Zentren zusammen. Wichtig an dieser Stelle ist unser Erfahrungsgedächtnis, das auch eine entscheidende Rolle bei der Bewertung der Emotionen und bei der Auswahl der Handlungen spielt (Roth 2010). In diesem Zusammenspiel werden die bisherigen Erfahrungen aus den getroffenen Entscheidungen Auswirkungen auf alle weiteren Entscheidungen haben.

In Bezug auf die Führung durch emotionale Stabilität ist es wichtig, dass man erst mal die Emotionen bewusster machen lässt und vor allem weiß, wie man selbst die emotionale Ausgeglichenheit aufrechterhält. Die Emotionsarbeit ist eine wichtige Aufgabe einer Führungskraft, die die Mitarbeiter vor Stress und negativen Emotionen schützen sollte. Dieser Schutz ist am besten zu erreichen, indem man als Führungskraft eine klare und stabile emotionale Ausstrahlung hat, mit der man den Mitarbeitern eine Vorhersehbarkeit und Orientierung vermittelt. Da der Alltag der Vertriebsmitarbeiter mit sehr vielen stressigen Faktoren zu tun hat (Umgang mit schwierigen Kunden, finanzielle Unsicherheit durch variable Prämiensysteme usw.), sollte die Führungskraft besonders darauf achten, nicht selbst eine zusätzliche Stressquelle zu werden. Als Führungskraft sollte man sich somit vielen wichtigen Techniken für die Emotionsarbeit bewusst werden und diese in der Praxis anwenden, aber auch den Mitarbeitern helfen, die Emotionen zu beherrschen. Die starke Führungspersönlichkeit ist sich auch über Folgen der

Unterdrückung der Emotionen sowie der Emotionsarbeit bewusst, kann auch gut damit umgehen und bei Bedarf gegensteuern, um eine emotionale Balance zu schaffen.

3.3 MITARBEITERGESPRÄCH – NEUROBIOLOGISCHE ANALYSE

In den vorherigen Kapiteln wurden die wichtigsten Fakten über die Neurologie und Neuropsychologie für Führungskräfte dargestellt. Beginnend von den Nervenzellen und deren Funktionen über die Neurotransmittersysteme und deren Wirkung bis zu Lern- und Motivationsgrundlagen wurden die wichtigsten Informationen zusammengefasst. Demzufolge konnten die Wahrnehmungstheorien und mentalen Repräsentationen vorgestellt werden. Von besonderer Bedeutung waren auch die bestimmten Schwerpunkte in der Führung basierend auf den drei neurobiologischen Hintergründen: Führung durch das Belohnungssystem, Führung durch die Stressreduktion und Führung durch emotionale Stabilisierung. Jetzt ist es wichtig, einen Praxisbezug von den dargestellten Theorien abzuleiten und zu sehen, was neurobiologisch in unserem Körper passiert, wenn wir ein schwieriges Mitarbeitergespräch ansteuern, und wie wir uns auf solche Gespräche mit diesem Vorwissen besser vorbereiten können.

Fallbeispiel: Gespräch mit einem minderleistenden Mitarbeiter

Ein Manager hat seinen Mitarbeiter zu einem persönlichen Gespräch eingeladen. Das wird das dritte kritische Gespräch in den letzten acht Monaten sein. Er hat vor ca. einem Jahr festgestellt, dass sich die Leistung seines Mitarbeiters in den letzten Monaten deutlich reduziert hat. Die Umsatzzahlen sind viel zu niedrig, der Mitarbeiter erfüllt nicht mal 70 % der gestellten Umsatzziele. Als der Manager mit dem Mitarbeiter das erste Mal darüber gesprochen hat, hat der Mitarbeiter ihm damals erzählt, dass er nichts anderes macht als das, was er schon immer gemacht hat, und dass die wirtschaftliche Situation am Ergebnis schuld sei. Der Manager hat damals die Taktik ein bisschen verändert, die Kunden anders priorisiert, den Fokus auf die anderen Produkte gelenkt und andere Vertriebstechniken ausgesucht, die der Mitarbeiter in der Praxis bewusst ausprobieren sollte. In den ersten Wochen hatten sie sichtbare Erfolge damit erzielt und man konnte sehen, dass der Mitarbeiter sicherlich mehr tut, um die Umsatzziele zu erreichen. Jedoch sind nicht mehr als zwei Monate vergangen und die Leistung des Mitarbeiters hat wieder deutlich nachgelassen. Es kamen Kundenbeschwerden über die fehlende Erreichbarkeit, es wurden viele Flüchtigkeitsfehler festgestellt und zuletzt haben die vereinbarten Kundenbesuche manchmal gar nicht stattgefunden.

Als der Manager den Mitarbeiter zum zweiten Gespräch eingeladen hat, hat der Mitarbeiter keine Rechtfertigung für diese Situation gehabt und hat mehr mit offenen Karten gespielt, indem er zugestanden hat, dass ihm einfach die Motivation fehlt. In dem gleichen Gespräch hat er sein Bedauern geäußert und von sich selbst gesagt, dass er sich jetzt zusammenreißen werde und sich zu 100 % an die vorgegebenen Arbeitsweisen halten werde. Kurz nach dem Gespräch lief es wieder besser, die Kundenkontaktquote als auch die Umsatzzahlen haben sich verbessert. Die Leistung hat jedoch wieder nach einiger Zeit nachgelassen. Somit musste der Manager erneut feststellen, dass der Mitarbeiter anscheinend die gleichen Motivationsprobleme hat und seine Leistungen den Anforderungen an die entsprechende Tätigkeit nicht mehr genügen. Drauffolgend kam seitens des Managers eine Einladung zum Gespräch über das Problem, zu dem sie bereits seit fast einem Jahr eine Lösung gesucht haben. Als der Manager den Mitarbeiter traf, verspürte er im gesamten Körper eine Anspannung und ein sehr unangenehmes Gefühl. Er spürte, dass sein Herz schneller schlägt. Er fragte den Mitarbeiter erst mal nach seinem Befinden. Der Manager versuche, während der Mitarbeiter von sich selbst erzählte, nicht nur aktiv zuzuhören, sondern achtete er auch auf seine Gefühlsausdrücke, die sich hinter seinen Worten verbergen. Er versuchte diese zu deuten und zu analysieren, inwieweit seine rationalen Gedanken mit seinen Emotionen kongruent sind. Der Manager beobachtete, ob das Gesagte mit dem übereinstimmt, was er von der Gestik, Mimik und Körpersprache der Mitarbeiter wahrnimmt.

Der Manager ist in solchen Situationen immer zwiegespalten, da er sowohl für den Mitarbeiter das Beste erzielen möchte, als auch für das Unternehmen, und somit muss er eine Balance zwischen Interessen der Mitarbeiter als auch Interessen des Unternehmens finden. Nachdem der Mitarbeiter seine Stellungnahme zu der aktuellen Situation geäußert hat, beschreibt ihm jetzt der Manager seine Beobachtungen, die die ganzheitliche Situation (von der ersten Feststellung der Minderleistung bis heute) beschreiben. Zudem bringt er auch die aktuell beobachteten Gefühle des Mitarbeiters zum Ausdruck und beobachtet währenddessen die Reaktionen des Mitarbeiters, besonders wenn er seine Emotionen beschreibt und lässt sich darin bestätigen, dass die Beobachtung richtig war. Wenn er einen Widerspruch erkennt und merkt, dass seine Beobachtungen doch nicht richtig sind, fragt er direkt: „Sind meine Beobachtungen richtig an dieser Stelle oder wie würden Sie Ihr aktuelles Befinden beschreiben?“ Ziel ist es, dass man hier erst mal auf einen gemeinsamen Nenner mit dem Mitarbeiter kommt, was sein emotionales Empfinden angeht, da nur mit diesem Verständnis das weitere Gespräch „gehirngerecht“ ablaufen kann. Nachdem der Manager dem Mitarbeiter das Gefühl vermittelt hat, dass man ihn auf der emotionalen Ebene zusammen mit seinen Handlungsmotiven versteht, erklärt er ihm die Konsequenzen seines Handelns sowohl aus der Unternehmenssicht als auch (viel wichtiger!) aus seiner persönlichen Sicht als Führungskraft. Zu diesen Konsequenzen gehört zum Beispiel die mit einer Minderleistung in der Abteilung einhergehenden Schwierigkeiten, die in den weiteren Klärungsgesprächen mit der Unternehmensführung resultieren.

Danach hörte der Manager dem Mitarbeiter weiter zu und stellte ihm weitere Fragen, um die Sichtweise und die Gründe von fehlender Motivation besser zu verstehen. Gemeinsam mit dem Mitarbeiter sollte demnächst eine Lösung ausgearbeitet werden. Zudem sollte der Manager drauf achten, dass die Ernsthaftigkeit der Situation und daraus resultierenden Konsequenzen dem Mitarbeiter bereits völlig bewusst sind. Wie sich das Gespräch weiterentwickelt, wird mit dem bisherigen Verlauf sehr stark zusammenhängen. Die Handlungsalternativen bieten im weiteren Punkt sehr viele Möglichkeiten. Das können einerseits begleitende Unterstützung und mehrdimensionale Problemlösungen sein, auf der anderen Seite kann schon das schriftliche Festhalten von klaren und terminierten Erwartungen notwendig sein. Dazu gehört verständlicherweise auch das schriftliche Festhalten der

Konsequenzen für den Mitarbeiter, falls die Ziele und Erwartungen aufgrund von fehlender Motivation weiterhin nicht erreicht werden.

Die Frage ist jetzt, was passiert in dem Gehirn der Führungskraft, wenn sie solche Gespräche führen muss und wie können die Führungskräfte die „gehirngerechte" Prinzipien für sich nutzen, um am besten solche Situationen zu steuern und somit viele Probleme langfristig zu lösen?

Erstmal wird im Gehirn ein Erregungsmuster aktiviert, das auf den vorhandenen Erfahrungen basiert. Dieses Erregungsmuster beinhaltet nicht nur die Erfahrungen mit dem sich in der Geschichte wiederholendem Problem, sondern viele andere ähnliche Situationen. Zudem kommen auch die inneren Werte und Glaubenssätze der Führungskraft ins Spiel und beeinflussen die gesamte Bewertung der Situation. Aus der Erfahrung kommt der Impuls, dass das geplante Gespräch mit dem Mitarbeiter von unangenehmer Natur sein wird. Deswegen erhöht sich die Herzfrequenz und man verspürt die innere Anspannung, noch ohne zu wissen, wie das Gespräch am Ende wirklich ausgeht. Diese Aktivierung des Musters passiert im limbischen System und ist eine blitzschnelle und eher unbewusste Reaktion aus dem Erfahrungsgedächtnis. In solchen Situationen werden viele Hormone und Neurotransmitter ausgeschüttet. Diese können sich in der Intensität sehr rasch verändern, weil viele Nervenzellen und Nervenverbände an dieser Reaktion beteiligt sind. Es werden viele Areale im Gehirn aktiviert, welche die folgenden Prozesse beeinflussen: Entstehung und Intensität gewisser Emotionen, Pulsregulation, Aufmerksamkeit, geistige Aktivität und Erinnerungsfähigkeit, Empathie als auch Sprachfähigkeit.

Die Kunst des gehirngerechten Führens ist, sich diese Prozesse bewusst zu machen und diese in sich selbst zu steuern. Man kann mit Training dem limbischen Verhalten entgegenwirken. Im Folgenden werden die Möglichkeiten für diese Steuerung genauer beschrieben:

1. **Gute Vorbereitung** – An erster Stelle ist die richtige Vorbereitung auf die Gespräche von solcher Natur sehr wichtig. Eine gewisse Struktur muss in kritischen Gesprächen mit dem Mitarbeiter eingehalten werden. Eine Vorbereitung hilft die potenziellen Emotionen zu erkennen und sich drauf vorzubereiten, diese in einer entsprechenden Art und Weise zu steuern. Das Abspielen des Gesprächs im Kopf hilft eine gewisse Sicherheit zu gewinnen und sich vom Wesentlichen nicht ablenken zu lassen. Mit besserer Vorbereitung können wir auch aktiv zuhören und der Situation mehr Aufmerksamkeit schenken als bei den hervorgerufenen emotionalen Zuständen. Eine strukturierte Vorgehensweise für eine solche Vorbereitung finden Sie im Kapitel *7: Systematischer Einsatz des Neuroleadership*.

2. **Die Einbeziehung der Meinungen anderer Personen** – Wenn wir noch die Möglichkeit haben, vor dem Gespräch sich die Meinung anderer Personen zu holen (am besten von den anderen Managern), können wir Klarheit darüber gewinnen, ob unsere Entscheidung von der Art und Weise, wie wir das Gespräch führen wollen, die richtige ist. Es geht hier auch um den Perspektivwechsel und eine weitere Verstärkung. Wenn wir von einer anderen Person in unserem Vorhaben noch vor dem Gespräch bestätigt werden, können wir mehr Überzeugung und somit mehr mentale Stärke gewinnen. Letztendlich haben viele Führungskräfte im Alltag mit gleichen Problemen zu tun. Einen guten Sparringspartner, mit dem man ein Rollenspiel machen kann

und der unser Verhalten widerspiegeln kann, ist an dieser Stelle sehr wertvoll.

3. **Erfolge vor Augen halten** – Vor dem Gespräch und während des Gesprächs sollte man stets die Erfolgsgeschichten vor Augen halten, um das negative Erregungsmuster zu vermeiden und somit sich selbst nicht in eine aussichtslose Erwartung gegenüber dem Mitarbeiter zu bringen. Hier sind die Menschenbilder auch sehr wichtig. Also die Art und Weise, wie wir über die anderen Menschen denken und was wir glauben, was die anderen tun werden. Hier spielt das Vertrauen eine sehr wichtige Rolle. Es ist auch entscheidend, dass wir uns die Erfolge der Mitarbeiter vor Augen halten und nicht das Gegenteil. Es ist an dieser Stelle auch denkbar, die wichtigsten positiven Erfahrungen und Ereignisse zusammen mit dem Mitarbeiter schriftlich festzuhalten und darauf das Gespräch aufzubauen.

4. **Emotionen kontrollieren** – Emotionen kann man durch verschiedene Regulations-Techniken wie Achtsamkeit, Meditation, Atemübungen, Sport usw. in Balance bringen. Vor solchen Gesprächen helfen ebenfalls die Gedanken über die möglichen Szenarien, wie das Gespräch laufen könnte und wie der Mitarbeiter reagieren könnte. Diese Art und Weise hilft uns ebenfalls sich bestmöglich auf unterschiedliche Emotionen vorzubereiten und gibt uns mehr Sicherheit und Gelassenheit. Darüber hinaus ist auch die bewusste Kontrolle der psychischen Reaktionen von zentraler Bedeutung: wie dem erhöhten Herzschlag entgegenzuwirken oder die körperlichen Impulse besser zu kontrollieren. Die Kontrolle während des Gesprächs gelingt auch oft durch Verbalisieren der Emotionen und Beschreibung von beobachteten Emotionen und durch bewusst eingesetzte Pausen im Gespräch.

5. **Bewusstes Aushalten der Widersprüche** – Der Führungsalltag ist voller Widersprüche, die man nicht so schnell aus der Welt schaffen kann. In der Psychologie spricht man von der Ambiguitätstoleranz. Die Ambiguitätstoleranz ist die Fähigkeit zum emotionalen Management von Unsicherheit, Mehrdeutlichkeit der Fakten und von Widersprüchen. Die Kunst der Ambiguitätstoleranz liegt in der Akzeptanz dieses Zustands und dem Ertragen der Anspannung, die daraus resultiert. Das ist eine Art des Unsicherheitsmanagements.

Damit die neuropsychologischen Erkenntnisse noch besser in die Berufspraxis umgesetzt werden können, werden in dem kommenden Kapitel die psychologischen Grundbedürfnisse der Menschen ausführlicher dargestellt, die bei der „gehirngerechten" Führung ganzheitlich in Betracht gezogen werden müssen. Danach folgt die Neuropsychologie der Persönlichkeit und ausgewählte Neuroleadership-Modelle für die vertriebliche Führungspraxis.

4 BIOPSYCHOLOGISCHE GRUNDBEDÜRFNISSE

Die psychologischen Grundbedürfnisse der Menschen ist ein breit erforschtes Forschungsfeld. Viele wichtigen Erkenntnisse lieferte im Jahr 2004 der deutsche Wissenschaftler Klaus Grawe in seinem Buch Neuropsychotherapie unter dem Begriff „Konsistenztheorie" (Grawe, 2004). Aus der Sicht des Personalmanagements stellt sich in der beruflichen Praxis nicht selten die Frage: Welche Bedingungen und Voraussetzungen müssen in Bezug auf den Arbeitsplatz, das Arbeitsumfeld und die Art der Tätigkeiten erfüllt werden, damit sich ein Mitarbeiter wohl fühlt und seine Bedürfnisse erfüllt werden können? Grawe beschreibt in seinem Konzept das gezielte Streben nach Erfüllung der Grundbedürfnisse der Menschen als zentralen Aspekt der Führung. Jeder hat im Laufe des Lebens bereits viele eigene Strategien entwickelt, um unterschiedliche Bedürfnisse zu stillen. Diese Strategien werden von Grawe **motivationale Schemata** genannt. Die motivationalen Schemata stellen zwei Gegenpole dar: Ein Annäherungsschema für die beabsichtigte Bedürfnisbefriedigung und ein Vermeidungsschema für den Schutz vor Verletzungen und somit Vermeidung bestimmter Zielzustände. Grawe erläutert in seinem Buch, dass diese Schemata in der Kindheit geformt werden. Wenn ein Mensch in einer Umgebung aufwächst, in der er sich völlig auf die Befriedigung seiner Bedürfnisse fokussieren kann, wird er überwiegend annähernde motivationale Ziele entwickeln und wird mehr nach Erfüllung der Bedürfnisse streben und mehr Erfahrung aus der positiven Erfüllung dieser Ziele sammeln. Wächst jedoch ein Mensch in einer Umgebung auf, in der er auf seine Bedürfnisse nicht aktiv eingehen kann, sondern sich stets drauf fokussieren muss, Gefahr zu vermeiden, weil seine Grundbedürfnisse immer wieder verletzt werden, entwickelt er vermeidende motivationale Ziele, damit er sich bestmöglich vor der Verletzung schützen kann (Grawe 2004, S. 188). In dem kommenden Kapitel werden die Annäherungs- und Vermeidungsschemata noch näher erläutert.

4.1 MOTIVATIONALE SCHEMATA IM VERTRIEB

Wie bereits im vorherigen Kapitel erwähnt gibt es laut Grawe (2004) zwei unterschiedliche Systeme, die menschliche Reaktionen bestimmen. Entweder richtet man seine Energie auf die aktive Befriedigung der Bedürfnisse oder man richtet die Energie auf Vermeidung von unangenehmen und subjektiv bedrohlichen Situationen. Das positive Annäherungsschema aktiviert die Gehirnareale, die für die Belohnung verantwortlich sind. Ein Haupttreiber für diese Motivation ist Dopamin. In den anderen Gehirnarealen wird das Vermeidungsschema aktiviert, das hauptsächlich auf Angstgefühl basiert. Das Gefühl von Angst ist immer auf die Zukunft gerichtet und hängt mit der schlimmen Vorstellung der zukünftigen Geschehnisse zusammen. Langfristig gesehen sind die Vermeidungsziele viel ungünstiger als die Annäherungsziele.

Grawe beschreibt in seinem Buch: „Die Vermeidungsziele erfordern dauernde Kontrolle sowie verteilte statt fokussierter Aufmerksamkeit. Man kann sie nie ganz erreichen. Selbst wenn man eine Gefahr erfolgreich abgewehrt hat, kann man nie sicher sein, dass nicht eine andere Gefahr von einer anderen Seite droht.

Bei Vermeidungszielen muss man immer auf der Hut sein. Aktivierte Vermeidungsziele binden die Aufmerksamkeit und sind von ängstlicher Anspannung begleitet“ (Grawe 2004, S. 278).

Folgend werden zwei Fallbespiele dargestellt, die die Annäherungs- und Vermeidungsschmata in der Vertriebspraxis bei der Vorbereitung auf den Kundenbesuch abbilden.

Kundenbesuch – Annäherungsschema

Herr Meyer ist seit einem Jahr ein Vertriebler in einem Großunternehmen und vertreibt hochwertige Baustoffe an weitere Baufirmen. Seine vertrieblichen Fähigkeiten basieren sowohl auf methodischen Kompetenzen, mit denen er verschiedene Vertriebstechniken beim Kundengespräch anwendet, als auch auf seiner fachlichen Expertise, welche sich auf die Baustoffe bezieht. Da Herr Meyer nicht so lange in dem Unternehmen ist, weiß er sicherlich nicht alles, aber das macht ihm nichts aus, weil er zuversichtlich ist, dass er, wenn eine Frage vom Kunden kommt, die er nicht gleich beantworten kann, für den Kunden schnellstmöglich die Informationen herausfinden oder seine erfahrenen Kollegen fragen können wird. Darüber, dass er nicht alles in der Theorie weiß, macht er sich vor dem Gespräch gar keinen Kopf. Herr Meyer fährt zum Kunden mit einer positiven Grundeinstellung. Er weiß, dass das Gespräch sehr wichtig für das Business und entscheidend für seine Prämie in diesem Monat ist, und deswegen freut er sich auf die Herausforderung. Herr Meyer bereitet sich vor dem Gespräch kurz vor, indem er sich seine Ziele für das Gespräch in seinem CRM-System notiert:

„Ziel: 10.000 € One-Shot-Umsatz mit dem Baustoff X und weitere Aufträge in den kommenden Monaten in Höhe von mindestens 2.000 € monatlich. Dabei eine Marge in Höhe von 35 %. Der Kunde ist zufrieden mit dem Preis und der Leistung und hat auch Verständnis für die aktuellen Lieferverzögerungen."

Herr Meyer lässt noch den Gesprächsablauf kurz im Kopf abspielen, bevor er zum Kunden geht. Im Auto auf dem Weg zum Kunden hört er noch seine Lieblings-CD, um sich in eine positive Stimmung zu bringen. Voller Zuversicht und erregender positiver Stimmung nimmt er seinen Termin wahr.

Nach dem Kundengespräch macht Herr Meyer noch mal einen Ist-Soll-Abgleich und schaut, inwieweit es ihm gelungen ist, die gestellten Ziele zu erfüllen. Selbst wenn er nicht alle Ziele erfüllen konnte, notiert er sich, was er daraus gelernt hat, und versucht das Gelernte gleich beim nächsten Gespräch mit einem anderen Kunden anzuwenden.

Kundenbesuch – Vermeidungsschema

Herr Schmidt übt seit einem Jahr die gleiche vertriebliche Tätigkeit wie Herr Meyer aus. Sie haben zum gleichen Zeitpunkt in der Vertriebsabteilung der baustoffproduzierenden Firma angefangen. Herr Schmidt besitzt genauso wie Herr Meyer die methodischen und fachlichen Fähigkeiten und kann diese bewusst in den Kundegesprächen einsetzen. Seine fachliche Expertise ist genauso wie bei Herrn Meyer noch nicht so ganz ausgereift. Im Gegensatz zu Herrn Meyer ist Herr Schmidt stets auf diese Wissenslücken fokussiert. Herr Schmidt befürchtet, dass der Kunde eine Frage stellen könnte, die er nicht beantworten kann, und somit seine fehlenden fachlichen Kompetenzen wahrgenommen werden. Er weiß, wie wichtig dieses Kundengespräch für das Business und seine Prämie in dem aktuellen Monat ist, deswegen fährt er zum

Kunden mit einer gewissen inneren Anspannung. Vor dem Gespräch mit dem Kunden bereitet sich Herr Schmidt vor, indem er noch mal versucht, alles Mögliche über die speziellen Baustoffe zu lesen, worüber der Kunde am Telefon gesprochen hat. Er hofft, noch kurz vor dem Treffen sich viele Informationen zu merken, damit er womöglich zu jeder Frage eine passende Antwort hat. Am Ende hofft er, dass der Kunde zumindest den Auftrag zusagt und er nicht mit leeren Händen rausgeht. Bezüglich der Höhe des Umsatzes und weiterer Zielsetzungen macht er sich keine genauen Gedanken nach dem Motto: „Hauptsache, es kommt irgendwas, was besser als nichts ist". Die Anspannung steigt, je näher der Termin rückt. Herr Schmidt hofft, dass man seine Anspannung bei dem Gespräch nicht sehen wird.

Nach dem Kundengespräch dokumentiert Herr Schmidt in seinem CRM-System das Ergebnis des Gesprächs, zu dem er sich dann ein Ziel formuliert, das zu diesem Ergebnis jetzt passen könnte. Herr Schmidt ist froh, dass er sich der Herausforderung gestellt hat und fühlt sich nach dem Gespräch schon deutlich besser. Letztendlich ist sein Ziel erfüllt.

Anhand der zwei oben genannten Beispiele kann man sich schon gut vorstellen, welcher Vertriebsmitarbeiter langfristig erfolgreicher wird. In diesem Beruf ist eine offene und auch mutige Art, auf die Kunden zuzugehen, von zentraler Bedeutung. Das Selbstvertrauen und das Selbstbewusstsein als auch Neugierde und Lust, etwas Neues auszuprobieren (selbst wenn man nicht so gut vorbereitet ist), sind essenziell. Die Art des Schemas bei einer Person hängt sehr stark von der Situation ab. Genauer gesagt, von dem, wie jemand eine Situation für sich bewertet. In jedem gibt es jedoch eine Grundtendenz (Grawe, 2004). In den belastenden Situationen spielen viele Faktoren eine Rolle, welches Schema die

Menschen annehmen. Zudem spielt auch die Persönlichkeit eine entscheidende Rolle, wie die Situation wahrgenommen und bewertet wird, deswegen wird in Kapitel 5 (Neuropsychologie der Persönlichkeit) die Persönlichkeit ausführlich erklärt. Die weiteren Faktoren, die motivationale Schemata beeinflussen, sind die aktuelle Befindlichkeit und die Situation in der Organisation.

Wenn wir uns jedoch einen einfachen Fall vorstellen wie das oben beschriebene wichtige Kundengespräch, kann man bestimmte Tendenzen der Mitarbeiter und Verhaltensmuster leicht erkennen. Die Mitarbeiter mit Annäherungsschema werden sich vielen Herausforderungen mit Lust und Leichtigkeit stellen. Sie sind offen für Feedback und ehrlich mit sich selbst, weil sie immer etwas lernen und sich somit weiterentwickeln wollen. Sie setzen sich Ziele und machen am Ende einen ehrlichen Soll-Ist-Abgleich. Sie evaluieren die Maßnahmen und setzen das neue Wissen um.

Die Mitarbeiter mit einem Vermeidungsschema sind eher diejenigen, die auf Sicherheit bedacht sind, eloquent im Umgang und weniger begeisterungsfähig. Neue Herausforderungen sind mit Stress verbunden. Sie tun alles, um die Schwächen unsichtbar zu machen. Sie können sich manche Schwächen auch nicht selbst zugestehen. Sie können zwar für Feedback offen sein, jedoch durch die in der Regel starke selbstkritische Art muss man mit dem Feedback sehr vorsichtig sein. Oft falsch eingesetztes Feedback führt zur Abwehrhaltung, Verleugnung und noch stärkerer Vermeidung der zukünftigen Herausforderungen.

Laut Grawe gibt es auf Basis der motivationalen Schemata vier wichtigste Grundbedürfnisse der Menschen, die zusammen mit den Erfüllungsstrategien in der vertrieblichen Praxis im kommenden Kapitel beschrieben werden.

4.2 FÜHRUNG DURCH ERFÜLLUNG DER BEDÜRFNISSE

Grawe definiert in seinen Theorien die vier wichtigsten psychologischen Bedürfnisse eines Menschen, die sowohl im Privatleben als auch im Berufsleben wichtig zu beachten sind. Wie Grawe beschreibt handelt es sich um vier Bedürfnisse, „die bei allen Menschen vorhanden sind und deren Verletzung oder dauerhafte Nichtbefriedigung zu Schädigungen der psychischen Gesundheit und des Wohlbefindens führen" (Grawe 2004, S. 185). Zu den vier Bedürfnissen gehören:

- ein Bedürfnis nach Bindung,
- ein Bedürfnis nach Sicherheit, Orientierung und Kontrolle,
- ein Bedürfnis nach Selbstwertschutz und Selbstwerterhöhung,
- ein Bedürfnis nach Lustgewinn und Unlustvermeidung.

In der Studie von Grawe wurde eine neurologische und biologische Bedeutung von diesen vier Bedürfnissen bewiesen (Grawe, 2004). Alle vier Bedürfnisse sind bei allen Menschen aktiv und unterschiedlich stark ausgeprägt und diese Ausprägung evaluiert und verändert sich im Laufe des Lebens. Diese Bedürfnisse machen sich dann stark emotional bemerkbar, wenn sie eben nicht befriedigt werden und deren Mangel wahrgenommen wird. Diese Bedürfnisse werden von Menschen zu Menschen sehr unterschiedlich gewichtet und bewertet (Grawe, 2004). Im folgenden Unterkapitel werden die Grundbedürfnisse einzeln näher erläutert.

4.2.1 ERFOLGSFAKTOR: BINDUNG

Bei dem Bedürfnis nach Bindung geht es um den Aufbau einer Beziehung, die vor allem die Gefühle von Fürsorge, Schutz, Trost, Vertrautheit, aber auch von Wertschätzung vermitteln (Grawe, 2004). Die Menschen wünschen sich Verlässlichkeit, Zuwendung und Anerkennung, um sich in den sozialen Beziehungen wohl und geborgen zu fühlen. Mit den frühkindlichen Erfahrungen entwickeln sich unterschiedliche Bindungsstile, die die Beziehungsqualitäten zu den anderen Menschen determinieren. Diese Bindungsstile bleiben im erwachsenen Alter relativ stabil. So wie es mit den motivationalen Schemata dargestellt wurde, ist die Systematik für solche Bindungsstile auch sehr ähnlich. Entweder hat man eine Annäherungsstrategie und versucht somit gute und positive Beziehungen immer weiter aufzubauen oder man agiert mit der Vermeidungsmotivation, die darauf fokussiert, negative Beziehungen möglichst zu vermeiden, um nicht verletzt zu werden.

Jedes Kind strebt nach Aufmerksamkeit und Zuwendung der Bezugsperson, um das Gefühl der Geborgenheit zu stillen. Es ist also ein natürlicher Vorgang der Bedürfnisbefriedigung, wobei der gegenseitige Schutz und das Sich-aufeinander-Verlassen angestrebt werden. Solche Beziehungen sind zeitlich stabil. Bei solchen Bindungsreaktionen werden vor allem Botenstoffe wie Oxytozin ausgeschüttet, die hemmend auf aggressives Verhalten wirken (Grawe 2004, S. 197). In solchen Beziehungen kann man Gefühle zum Ausdruck bringen und Konflikte konstruktiv lösen, da man Empathie zueinander empfindet. Man hat somit keine Hemmung, um Hilfe zu bitten, und man hat keine Probleme damit, auf die Hilfe der anderen angewiesen zu sein. Zusätzliche Vorteile, die Menschen mit diesen Bindungsstilen haben, sind das

Selbstvertrauen und die Selbstwirksamkeitserwartung (Grawe 2004, S. 208).

Auf der anderen Seite gibt es Bindungsstile, die mit negativen Gefühlen einhergehen und auf Angst beruhen. Natürlich streben die Menschen nach Aufrechterhaltung der Beziehung, jedoch halten sie sich immer auf eine gewisse Distanz von den anderen, um Enttäuschungen zu vermeiden, was natürlich mit dem Stressempfinden einhergeht. Die Stressbotenstoffe, die ausgeschüttet werden, sind vor allem Cortisol und Adrenalin bei gleichzeitigem Mangel an Serotonin. Die Beziehung zu anderen ist nicht stabil, sondern unausgeglichen. Es entsteht eine Nähe-Distanz-Problematik, die immer in Abwechslung manifestiert wird. Die Emotionsregulation ist bei den Menschen gestört. Sie haben Angst vor Zurückweisung und mit den negativen Gefühlen allein zu bleiben. Die Vermeidungs-Bindungsstile untergliedern sich noch nach Schweizer (2014, S. 166) in drei unterschiedliche Gruppen:

- Abweisend – Die Menschen können sehr gut ohne enge Beziehungen auskommen. Sie streben nach Autonomie und die Unabhängigkeit stellt für sie die höchste Priorität dar. Sie meiden Personen, die versuchen von denen abhängig zu sein. Meistens vertrauen sie nur sich selbst.

- Ängstlich – Die Menschen wollen die engen Bezeigungen aufbauen, die Angst vor Zurückweisung bremst jedoch den Aufbau. Sie sind sehr stark auf den Eigenschutz fokussiert und die Nähe zu anderen Menschen empfinden sie als sehr anstrengend.

- Klammernd – Die Menschen wollen anderen sehr nah sein. Sie können es ohne enge Beziehungen nicht aushalten. Sie opfern alles, um in einer engen Beziehung sein zu können, weil sie es nicht ertragen können, nicht geliebt zu werden oder keine Anerkennung oder Wertschätzung zu bekommen. Sehr oft geht das Verhalten mit mangelndem Selbstwertgefühl einher. In der Bindungstheorie gibt es zwei Einflusskriterien, bei denen die Tendenzen einer Person zu den bestimmten Bindungsverhalten berücksichtigt werden müssen. Einerseits ist das die reine Anwesenheit oder Abwesenheit einer vertrauenswürdigen Bezugsperson, die eine stabile Basis im Leben darstellt. Diese Person ist nicht nur in der frühkindlichen Entwicklung, sondern in jeder Phase des menschlichen Lebens wichtig. Das zweite Kriterium bezieht sich auf die Fähig- oder Unfähigkeit einer Person, solche Bezugspersonen für sich zu erkennen und anzuerkennen, also als solche Person zu akzeptieren und sich auf die Bindung einzulassen. Zudem kann die Beziehung nicht nur einseitig sein, sondern muss auf gegenseitiger Kollaboration beruhen. Somit kann eine dauerhafte und sich lohnende Beziehung entstehen (Bowlby, 1958). John Bowlby unterscheidet auch in seinen Theorien vier Kriterien, die die Bindungsfähigkeit einer Person manifestieren, die immer gegenseitige Pole darstellen. Auf einer Diagonale liegen die inneren Bilder von anderen Personen. Entweder sind diese positiv oder negativ je nachdem, welche Erfahrungen man im Leben gemacht hat. Auf der zweiten Diagonale liegt das eigene Selbstbild, das ebenfalls davon abhängig ist, wie die Erfahrungen sind und wie stark die Präsenz des eigenes „Ich" vorhanden ist. Diese zwei Kriterien erklären die Tendenzen zu den unterschiedlichen Bindungsstilen, die auch in der Abbildung 8 grafisch dargestellt werden.

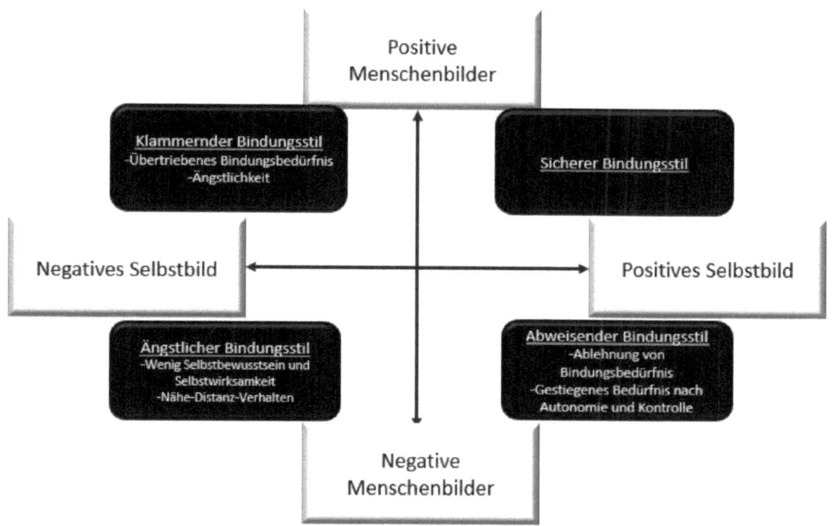

Abbildung 8: Bindungsstile (eigene Darstellung)

Als Führungskraft muss man sich bewusst machen, welche Auswirkungen die unterschiedlichen Bindungsstile auf das berufliche Umfeld haben könnten. Wichtig ist zu wissen, welcher Bindungsstil bei uns selbst am stärksten ausgeprägt ist, damit man sich dieses „Filters“ auch bewusst ist und die Bindungsstile der anderen besser einschätzen kann. Die vermeidende Bindungsstile sind zwar stabil, man kann diese jedoch durch gezielte Maßnahmen durchbrechen. Dazu muss man die Schwächen und Stärken des eigenen Bindungsstils kennen. Diejenigen unter den Führungskräften, die zum Beispiel ein sehr starkes Harmoniebedürfnis haben, laufen die Gefahr, dass sie in Konfliktsituationen oder kritischen Gesprächen mit einem Mitarbeiter nicht genügend sachlich und klar kommunizieren und somit die Ernsthaftigkeit bei manchen Situationen fälschlicherweise reduzieren. Harmoniebedürftige Führungskräfte können somit in vielen kritischen Situationen nicht konsequent genug sein. Zusammen mit den anderen Faktoren erhöht sich für harmoniebedürftige Führungskräfte das Risiko, an Burnout zu erleiden durch das Streben, es allen recht machen zu wollen.

Um die Bindungsziele bei den eigenen Mitarbeitern zu erkennen und auf diese explizit eingehen zu können, lohnt sich allein die Frage zu stellen, ob die Gruppenarbeit bevorzugt oder lieber individuell gearbeitet wird. Die Führungskraft kann somit das Zusammenarbeiten bedürfnisorientiert für die Mitarbeiter gestalten.

Im Folgenden werden die drei vermeidende Bindungsstile mit konkreten Beispielen und Vorschlägen für den Umgang mit solchem Mitarbeiter beschrieben.

Ein abweisender Vertriebsmitarbeiter:

Herr Weber wirkt sehr selbstbewusst, dabei leicht begeisterungsunfähig. Er spricht nicht gerne über emotionale Themen, zeigt wenig Gefühle. Auch im Umgang mit den Kunden sind für ihn vor allem die fachliche Expertise und gute Beratungsfähigkeit viel wichtiger als Aufbau einer Kundenbeziehung. Er redet nicht so gerne Smalltalk, kommt gleich zur Sache, da er seiner Meinung nach letztendlich Produkte verkaufen und nicht die Beziehungen aufbauen will. Er wirkt auch auf andere sehr rational und bodenständig. Er hat immer seine Meinung, die manchmal auch kritisch ist und die er gerne in den Teammeetings teilt. Er betont bei vielen Themen und Anlässen immer seine Unabhängigkeit. Er hat immer seine Ideen und arbeitet lieber allein als mit seinen Kollegen zusammen. Er hält sich selbst für einen starken Menschen, der wenig Hilfe und Unterstützung braucht.

So ein Mitarbeiter sollte gewisse Rückzugsmöglichkeiten im beruflichen Umfeld haben und eine gewisse Autonomie sollte dem Mitarbeiter auch unbedingt gewährt werden. Wenn die Arbeitsweisen nicht so viel Freiheit zulassen, weil gewisse Vorgehensweisen eingehalten werden müssen, von denen man nicht abweichen kann, kann man sehr gut mit Aufzeigen von Alternativen arbeiten. Das bedeutet, wenn die Auswahl an Möglichkeiten für bestimmte Vorgehensweisen sehr eingeschränkt ist, kann man zwei voneinander unterschiedliche Wege als Alternativen aufzeigen und dem Mitarbeiter eine zwar im Grunde eingeschränkte, aber immerhin freie Wahl zwischen den Alternativen anbieten und vor allem betonen, dass diese Wahl besteht. Wenn die Vorgehensweisen keine Alternativen zulassen, kann man dem Mitarbeiter die Freiheit über die Reihenfolge, in der er die Arbeitsweisen ausführt, anbieten. Die freie Wahl zwischen unterschiedlichen Alternativen muss seitens der Führungskraft immer betont werden, um das Bedürfnis der Unabhängigkeit zu erfüllen. Wenn die Führungskraft die Wahl zwischen verschiedenen Möglichkeiten nicht genügend betont, wird sich der Mitarbeiter sehr schnell eingeengt fühlen, weil ihm vielleicht nicht immer selbst bewusstwird, dass er diese Freiheit hat.

Es gibt auch eine andere extreme Haltung bei solch nach Unabhängigkeit strebenden Mitarbeitern, die in den eigenen Strukturen sehr stark eingefahren sind, diese aber nicht so wirklich effizient sind oder vielleicht früher effizienter waren aber mittlerweile nicht mehr. Mit einem konkreten Beispiel kann man sich einen älteren Vertriebsmitarbeiter vorstellen, der seit zwanzig

Jahren den Beruf ausübt, dabei aber nicht so viel Zeit in die persönliche Weiterentwicklung investiert hat. Der Mitarbeiter wird zum Bespiel bei der Implementierung neuer Softwaresysteme oder Strategien viel Widerstand leisten und in den meisten Fällen wird er nur das Allernötigste machen, aber nicht alles, was man von ihm erwartet. Der Mitarbeiter lässt sich nicht so einfach beraten oder schulen, da seine Haltung dazu nicht offen genug ist. Er will es nicht zulassen, von einem System oder von einer anderen Person abhängig zu werden und somit nicht ausreichend agil zu sein. In diesem Fall muss die Führungskraft offen die Problematik ansprechen und die Wirkung dieser Haltung erklären. Das ehrliche Feedback kann hier nicht ausbleiben.

Ein ängstlicher Vertriebsmitarbeiter:

Dieser Charaktertyp ist im vertrieblichen Beruf eher eine Seltenheit – alles andere wäre eine Fehlbesetzung. Die Zusammenarbeit mit solchen Vertriebsmitarbeitern ist sehr schwierig. Besonders in diesem Beruf, wenn viele Kontakte und damit einhergehender Mut und Lust zu den zwischenmenschlichen Interaktionen wichtig sind. Ein Mitarbeiter mit diesem Bindungsstil kann selbstverständlich sein Verhalten immer wieder den Erwartungen entsprechend anpassen und seine vertrieblichen Aufgaben gut ausführen, das alles wäre jedoch von ineffizienter und eher kurzfristiger Natur. Das kostet eben solchen Vertriebsmitarbeitern sehr viel Energie, ständig ihrer Natur entgegenzuwirken. Die vertrieblichen Tätigkeiten, die mit den zwischenmenschlichen Interaktionen zusammenhängen, erschöpfen massiv solche Menschen emotional, da dabei ständig die Angstgefühle vorhanden sind. Die Anstrengungen, aus diesen

Typen der Mitarbeiter einen effektiven Vertriebsmitarbeiter zu machen, sind mühsam und in den meisten Fällen hoffnungslos.

Ein klammernder Vertriebsmitarbeiter:

Diese Mitarbeiter brauchen viel Aufmerksamkeit und Zuneigung. Sie sind meistens sehr selbstkritisch. Sie sind sehr sensibel für Lob und Kritik. Sie wirken emotional unausgeglichen. Sie rufen ständig an und fragen nach Feedback zu bestimmten Themen. Sie streben nach Bestätigung und Akzeptanz. Sie sind sehr gute „Diener" sowohl für die Führungskraft als auch für die Kunden und ziehen die Energie daraus, anderen einen Gefallen tun zu können. Sie können sehr gute Beziehungen mit den Kunden aufbauen, weil sie alles daransetzen, ein positives Feedback zu bekommen. Problematisch wird es für diese Personen oft, wenn es zu kritischen Gesprächen kommt, da sie sehr unsicher und sehr sensibel werden auf das negative Feedback. Die Angst, zurückgewiesen zu werden, ist der Hauptmotivator für die Erbringung der hohen Leistung. Bei zu großen Erwartungen steigt das Angstgefühl, dem nicht ausreichend gerecht zu werden. Bei der Führung dieser Mitarbeiter ist die emotionale Stabilität von zentraler Bedeutung. Die emotionale Balance bei den Interaktionen mit dem Mitarbeiter sollte möglichst ausgeglichen werden. Man sollte sowohl mit Lob als auch mit Kritik ein gesundes Maß finden. Auch das Aufzeigen der Grenzen ist sehr wichtig, wenn der Mitarbeiter zu viel Aufmerksamkeit verlangt. Dieses Aufzeigen von Grenzen sollte nicht als reine Zurückweisung dargestellt werden, sondern als eine Aufklärung darüber, dass die Zeit oder Ressourcen für einen solch intensiven Austausch fehlen. Dabei sollte dem Mitarbeiter zugesichert werden, dass auch mit der Reduzierung der

Interaktionen die Stabilität der Beziehung aufrechterhalten werden kann.

Zusammenfassend ist die Bindungstheorie ein sehr wichtiger Treiber der Mitarbeitermotivation und sollte im beruflichen Alltag beachtet werden. Es gibt neben dem Bedürfnis nach Bindung auch weitere Hauptbedürfnisse, die sich gegenseitig auch beeinflussen. In dem kommenden Unterkapitel wird das Bedürfnis nach Sicherheit, Kontrolle und Orientierung dargestellt.

<u>Die Hebelwirkungen bei der Erfüllung der Bindungsbedürfnisses:</u>

- ✓ Stärkung der Teamarbeit
- ✓ Stärkung der Akzeptanz im Team
- ✓ Förderung der Verbundenheit im Team
- ✓ Vertrauensvorschuss
- ✓ Wertschätzung
- ✓ Förderung der Integration
- ✓ Förderung der gegenseitigen Unterstützung
- ✓ Ausbau der Kontakte und des Netzwerks

4.2.2 ERFOLGSFAKTOR: SICHERHEIT UND KONTROLLE

Beim Bedürfnis nach Orientierung und Kontrolle handelt es sich um die Fähigkeit, die eigenen Ziele zu erreichen. Dieses Bedürfnis hat viel mit der Selbstwirksamkeit zu tun und wird dann befriedigt, wenn man das Gefühl hat, dass die Umstände von uns persönlich beeinflussbar sind und dass wir durch eigenes Tun etwas erreichen können, was uns langfristig zufriedenstellt und glücklich macht (Grawe 2004, S. 232). Von zentraler Bedeutung ist hier das Bewusstsein dessen, wie die aktuelle Situation, in der man sich befindet, entstanden ist, um die Handlungsoptionen zu erkennen. Die positiven Aussichten auf die Zukunft hängen mit der Zuversicht und Selbstüberzeugung, die Probleme lösen zu können und sich den Herausforderungen stellen zu können, zusammen. Aus der behavioristischen Psychologie hat sich dazu der Begriff der inneren Kontrollüberzeugung herauskristallisiert und dieser hat seinen Ursprung bereits in den 60er Jahren (Rotter 1966). Bei der Kontrollüberzeugung handelt es sich um das Ausmaß, mit dem man glaubt, dass ein bestimmtes Ergebnis oder Auftreten einer bestimmten Situation von eigenem Verhalten abhängig ist. Diese Überzeugung, selbst die Kontrolle über das eigene Schicksal zu haben, entsteht durch Erfahrungen, die man im Leben in bestimmten sozialen Situationen macht. Die Erfahrungen beeinflussen dann die Wahrnehmung von dem, was aktuell passiert. Es entsteht somit eine Wirkung-Folge-Dynamik, die Erwartungen von Kontrolle über bestimmte Ereignisse verstärkt. Fehlt einem Menschen die Kontrollüberzeugung und hat er niedrige Erwartung an Selbstwirksamkeit in einer bestimmten Situation, dann fühlt er sich ohnmächtig, unsicher und der Situation ausgeliefert. Grawe beschreibt, dass nicht zu wissen, was los ist und was passieren wird, absolut unerträglich für die Menschen ist und sie sehr traurig macht. Es führt zu Stress und vielen Beeinträchtigungen (2004). Menschen, die ein ausgeprägtes Gefühl von Kontrolle über die Situation haben, fühlen sich sicherer und sind grundsätzlich gelassener bei unerwarteten Situationen, da sie auf eigene Erfahrung viel mehr vertrauen können. Durch die subjektiv empfundene Handlungsoptionen entsteht das Gefühl von Sicherheit.

Um die innere Kontrollüberzeugung bei einem Mitarbeiter zu analysieren, kann man die Ausprägung dieser Eigenschaft in normalen Mitarbeitergesprächen oder anhand bestimmter Fragen relativ gut beobachten. Wenn Sie jetzt an Ihren ausgewählten Mitarbeiter denken, bei dem sie die Kontrollüberzeugung analysieren möchten, wie würden Sie die folgenden Fragen über ihn beantworten:

a) Behauptet ihr Mitarbeiter, dass er grundsätzlich alles lernen kann, oder meint er, dass man zu vielen Dingen eine bestimmte angeborene Eignung haben muss?

b) Wie steht der Mitarbeiter zu seinen persönlichen Erfolgen? Verdankt er seine Erfolge ausschließlich sich selbst, oder erwähnt er dabei noch sein Glück?

c) Setzt sich der Mitarbeiter selbst aktiv die Ziele, die über seine Fähigkeiten hinausgehen? Oder macht er nur das Allernötigste, was im beruflichen Umfeld von ihm verlangt wird?

d) Wie geht er mit den Misserfolgen um? Bezieht er das Ergebnis überwiegend auf sich selbst oder auf die äußeren Umstände?

e) Stellen seine Zukunftspläne und Zukunftsgedanken eine große Vision dar? Oder sind die Gedanken über die Zukunft wenig ausgereift?

f) Stellt er sich gerne neuen Herausforderungen und nimmt er gerne die Tätigkeiten und Aufgaben an, die er früher nie gemacht hat, oder ist er in solchen Situationen zurückhaltend?

Mit diesen Fragen können Sie relativ gut einschätzen, wie der Mitarbeiter von seiner Gestaltungsmacht überzeugt ist. An dieser Stelle ist noch wichtig zu erwähnen, dass die innere Kontrollüberzeugung auch eine andere Seite der Medaille hat. Zu große Kontrollüberzeugung kann auch mit Eitelkeit oder einer narzisstischen Persönlichkeitsstörung einhergehen. Hier muss somit auch voneinander differenziert werden.

Im beruflichen Umfeld ist das Gefühl von Sicherheit sehr eng mit der Rolle, Tätigkeitsfeldern, dem Wertesystem, der Unternehmenskultur und den Regeln für die Arbeitsweisen verbunden. Menschen, die sich unsicher fühlen, werden grundsätzlich gegenüber Neuerungen abgeneigt und verschlossen. Sich an die neuen Situationen zu gewöhnen verlangt sehr viel Energie. In der unternehmerischen Praxis ist es auch wichtig, dass man die Vision des Unternehmens kennt, dass man langfristig weiß, wohin die Reise geht, in welche Richtung sich die Organisation entwickelt usw. In den Zeiten der Wirtschaftskrise sind diese Informationen für die Mitarbeiter noch wichtiger. Der Umgang mit der Unsicherheit ist somit eine große Herausforderung. Die Zukunft ist uns allen unklar. Man kann über die Zukunft nur spekulieren. Somit sind der Glaube und die innere Überzeugung wichtige Ressourcen, um sich wohl zu fühlen, ohne ständig Sorgen haben zu müssen. Je mehr Erfahrung und Lebensweisheit, desto besser ist die bewusste Selbstreflexion über das eigene Handeln und dessen Wirkung.

In der Führungspraxis ist das Bedürfnis nach Orientierung und Kontrolle durch Art der Zielsetzung geprägt. Besonders im vertrieblichen Umfeld bei den variablen Vergütungssystemen ist eine realistische und subjektiv betrachtet erreichbare Zielsetzung von großer Bedeutung. Die Umsatzziele müssen an die aktuelle Marktsituation, Fähigkeiten der Mitarbeiter und die Wirtschaftlichkeit der Unternehmen angepasst werden. Ist das nicht der Fall, beispielweise bei einer Wirtschaftskrise und damit einhergehender mangelnder Nachfrage auf dem Markt oder bei intensivem Absatz, aber fehlender logistischer Fähigkeit des

Unternehmens, kann der Mitarbeiter die Orientierung und somit die Kontrolle über die eigenen Fähigkeiten verlieren.

Die Hebelwirkungen bei der Erfüllung des Bedürfnisses nach Orientierung und Kontrolle:

- ✓ Übergabe der Verantwortung
- ✓ Klare und realistische Ziele
- ✓ Förderung der Entwicklung und Leistungsfähigkeit
- ✓ Ergebnisklarheit
- ✓ Unternehmerische Vision
- ✓ Autonomie und Handlungsspielraum
- ✓ Transparenz über die Firmen- und Abteilungsstrategie
- ✓ Zukunftssicherheit
- ✓ Weiterentwicklungsmöglichkeit
- ✓ Positive Erwartungen und Optimismus
- ✓ Positive Menschenbilder
- ✓ Lösungsorientierung
- ✓ Wertesysteme der Organisation
- ✓ Positive Fehlerkultur

Die Mitarbeiter sollten sich nicht über- oder unterfordert in der Aufgabe fühlen. Die Führung gemäß des Sicherheits- und Kontrollbedürfnisses bedeutet die Höchstleistung der Mitarbeiter zu erzeugen und dafür zu sorgen, dass sie über alle Fähigkeiten verfügen, die sie zur Zielerreichung bringen, ohne sie zu überfordern und ohne ungesunden Stress zu erzeugen. Hier ist die situative Führung gut im Einsatz, indem die Führungskraft sich mit den Fähigkeiten der Mitarbeiter bewusst auseinandersetzt und diese durch individuell angepasste Methoden entwickelt. Dabei ist es auch wichtig zu beachten, auf welchem Niveau die Kontrollüberzeugung der Mitarbeiter ist und mit welchem Schwerpunkt (Sicherheit, Kontrolle oder Orientierung) man den Mitarbeiter am besten unterstützen kann.

4.2.3 ERFOLGSFAKTOR: SELBSTWERTERHÖHUNG

Anerkennung und Wertschätzung sind sehr wichtige Säulen des Selbstwertgefühls für jeden Menschen. Jeder möchte als Individuum wahrgenommen werden und eine Bedeutung in Leben anderer Menschen haben. Das wertvolle Feedback zu unsrem Verhalten und unseren erbrachten Leistungen ist uns genauso wichtig wie die sozialen Interaktionen und Bindungen zu anderen Menschen. Das übergeordnete Ziel, das sich im normalen Fall (bei gesunden Menschen) im Laufe des Lebens manifestiert, ist, den Menschen etwas Gutes zu tun und somit einen Mehrwert für sie zu schaffen. Sich als ein wertvoller Mensch mit einer sehr sinnvollen Rolle zu fühlen, ist nicht nur im Privatleben, sondern auch im beruflichen Umfeld ein sehr ausgeprägtes Bedürfnis. Die Person interagiert mit der Umgebung und bekommt eine Reaktion aus der Umgebung, die die Wirkung des Handelns übermittelt. Durch diese Rückmeldung entsteht ein Selbstbild. Dieses Selbstbild nimmt einen Wert an (Selbstwert), je nachdem, wie die Umgebung reagiert. Diese Bewertung des Selbst wird von Krampe (2014, S. 15) emotionale Akzeptanz genannt. Wie man sich selbst einschätzt, hängt sehr stark vom Individuum ab. Es werden hierbei viele Kriterien eine Rolle spielen. Eins der Kriterien ist das motivationale Schema: annähernd oder vermeidend. Diejenigen, bei denen das Annäherungsschema ausgeprägter ist, fühlen sich mit sich selbst grundsätzlich zufrieden, wertvoll und respektiert von den anderen. Diese Personen achten auf sich selbst, kennen die eigenen Stärken und Schwächen und wissen, worauf sie stolz sein können. Dagegen sind die Menschen mit dem Vermeidungsschema andauernd damit beschäftig, sich von der Umwelt im Selbstwert bestätigen zu lassen. Sie achten drauf, dass der Selbstwert aufrechterhalten werden kann und sind sensibel für viele Signale, um den Selbstwert zu schützen und um sich den schmerzlichen Situationen nicht stellen zu müssen. Krampe (2014, S. 22) schreibt, dass Personen mit einem hohen Selbstwertgefühl versuchen über ihr dominantes und kompetentes Auftreten den Selbstwert noch zu erhöhen bzw. zu stabilisieren. Dagegen sind Personen mit niedrigem Selbstwertniveau eher darauf bedacht, Fehler zu vermeiden und riskanten bzw. schwierigen Situationen aus dem Weg zu gehen.

Der Selbstwert hat auch einen Einfluss auf die Attributionstheorie, also auf die Art und Weise, wie man die Ursachen für bestimmte Folgen wahrnimmt. Das ist ein soziokultureller Gegenstand in Alltagserklärungen, die auf subjektiven Wahrnehmungsprozessen beruhen. In diesem Zusammenhang hat der Wissenschaftler Sellin (2003) Folgendes erforscht: „Während Personen mit sowohl niedriger als auch instabiler Selbstwertschätzung Misserfolge auf motivationale Ursachen zurückführen, also z. B. mangelnde Anstrengung angeben, glauben Personen mit sowohl hoher als auch instabiler Selbstwertschätzung, dass motivationale Faktoren verantwortlich für ihre Erfolge sind. Personen mit stabiler Selbstwertschätzung, unabhängig von der Selbstwerthöhe, zeigten keine Unterschiede im Attributionsverhalten bei Erfolgen und Misserfolgen“ (Sellin 2003).

<u>Die Hebelwirkungen bei der Erfüllung des Bedürfnisses nach Selbstwerterhöhung:</u>

- ✓ Lob und Anerkennung für die erbrachte Leistung
- ✓ Stolz
- ✓ Beachtung für andere
- ✓ Aufmerksamkeit für die Person und die Leistung
- ✓ Prestige
- ✓ Aufstiegsmöglichkeiten

- ✓ Beförderungsprogramme
- ✓ Talent-Management-Programme
- ✓ Anfragen an Mitarbeiter als Experten
- ✓ Miteinbeziehung der Mitarbeiter in die Entscheidungen

Im organisationalen Umfeld tragen die Führungskräfte besonders große Verantwortung für die Selbstwerterhöhung der Mitarbeiter. Dieses gelingt den Führungskräften durch Lob, Anerkennung und wertschätzenden Umgang miteinander und auch durch eine respektvolle Kultur, die sich in den Meetings und Interaktionen mit den Mitarbeitern ergeben. Das Tätigkeitsspektrum sollte dementsprechend den Mitarbeiter nicht über- oder unterfordern. Die Führungskräfte bekommen besondere Achtung und Respekt, wenn sie während des Jahres spontan und ohne Voranmeldung die Mitarbeiter nach Zufriedenheit mit der Führung fragen und Offenheit zu Feedback zeigen. Um die Annährungsziele bei den Mitarbeitern noch zu aktivieren, sollte man auch den aktuellen Fähigkeiten und Lernmöglichkeiten Beachtung schenken, besonders in den Veränderungsprozessen.

4.2.4 ERFOLGSFAKTOR: LUSTGEWINN UND UNLUSTVERMEIDUNG

Das letzte der vier Grundbedürfnisse, die aus den Theorien von Grawe kommen, ist der Lustgewinn und die Unlustvermeidung, was sehr stark mit dem Belohnungssystem und den motivationalen Schemata zusammenhängt. Die Bewertung darüber, ob eine Erfahrung gut oder schlecht ist, passiert in unserem Kopf automatisch, da die Wahrnehmung immer zusammen mit den bestehenden Erfahrungen verknüpft wird. Diese Abschätzung und Bewertung der wahrgenommenen Erfahrung passiert andauernd in unserem Unterbewusstsein. Es gibt sowohl äußere Genüsse, die durch unsere Sinnesorgane wahrgenommen werden, als auch innere, geistige Genüsse. Zu den äußern gehören die physiologischen Bedürfnisse, beispielsweise Durst oder Hungergefühl, aber auch ein angenehmer Duft oder Geschmack, schöner Ausblick, Berührung, sexuelle Lust, schöne Geräusche oder die Musik. Zu den geistigen Genüssen gehören die Freude am Recherchieren und Entdecken, Verstehen der Zusammenhänge, Lösen von Problemen und Rätseln, Schreiben eines Buchs, Singen oder Lust zum Lernen. Das Bedürfnis nach Selbstentfaltung und innerem Wachstum ist sehr wichtig für die Menschen. Man möchte Dinge tun, die uns als sinnvoll erscheinen. Man möchte das Gelernte und Entdeckte auch weitergeben. Durch Anregung der Denkvorgänge, die unsere Potenziale und Fähigkeiten entfalten, fühlen wir uns wohl und glücklich. Menschen sind in der Lage, sich sehr stark auf eine Sache zu fokussieren und die volle Aufmerksamkeit einer Tätigkeit zu schenken, dabei alles andere zu vergessen. Es ist sehr lustvoll, an die Grenzen eigener Fähigkeiten zu kommen. Dieser Prozess wird in der Psychologie „Flow" genannt (Csíkszentmihály, 1995). Grawe (2004) beschreibt diesen Flow-Zustand als optimal für unsere Gesundheit. Auf der anderen Seite vermeidet der Mensch alles, was negativ und unangenehm ist. Die Ausprägungen der Bedürfnisse sind auch sehr individuell. In welchem Maß der Mensch Neugierde entwickelt und Interesse an Herausforderung hat, hängt sehr stark von seinem motivationalen Schema ab.

In der vertrieblichen Führungspraxis ist dieses Bedürfnis ein zentraler Hebel für die Motivation zur Zielerreichung. Die Ziele, die man einem Mitarbeiter vorgibt, müssen in diesem Fall mit seinen Fähigkeiten und Kompetenzen übereinstimmen, um das Bedürfnis nach Lustgewinn als Hebel zu nutzen. Wichtig sind die regelmäßigen Zufriedenheitsgespräche mit den Mitarbeitern. Die Aufgaben wecken im Idealfall Freude und auch Stolz. Eine offene und vertrauensvolle Feedbackkultur mit Ermutigung, Gestaltungsfreiraum und Transparenz führen zur Steigerung des Lustgewinnes.

Zudem ist es auch wichtig zu beachten, dass für alles ein richtiger Zeitpunkt ausgewählt wird, da viele Bewertungen der wahrgenommenen Situation auch von dem aktuellen emotionalen Zustand abhängig sind. Dieses Phänomen nennt Grawe (2004) „**motivationales Priming**". Die Mitarbeiter wissen, wann sie zum Chef mit einem Sonderwunsch kommen sollten. Sie achten auf die Signale, um die Stimmung einzuschätzen und bestimmte Themen anzusprechen wie Urlaub oder Weiterbildung. Die Stimmung der Mitarbeiter und Suche nach dem richtigen Moment sollte ebenfalls von den Führungskräften beachtet werden, wenn sie besondere Themen mit den Mitarbeitern besprechen wollen, besonders wenn es sich um schlechte Nachrichten handelt. Andersrum kann man die positiven Nachrichten nutzen, um bestimmte schwierige Phasen aufzuhellen. Dieses funktioniert auch sehr gut beim Rückblick in die Vergangenheit auf sehr erfolgreiche Zeiten. Einen Mitarbeiter, der an sich aktuell zweifelt und der vor einer überfordernden Herausforderung steht, kann man aufmuntern, indem man ihm seine persönlichen Erfolge noch mal vor Augen hält und ihn auf das Positive lenkt. Dieser Versuch der Lustgewinnung kann manchmal stärkere Wirkung haben als der Versuch, mit dem Mitarbeiter gemeinsam das konkrete Problem zu lösen.

<u>Die Hebelwirkungen bei der Erfüllung des Bedürfnisses nach Lustgewinn:</u>

- ✓ Interessante Aufgaben
- ✓ Erfüllung, Befriedigung und Abwechslung
- ✓ Lustvolle Tätigkeit
- ✓ Vergütungssysteme
- ✓ Sonderprämien
- ✓ Fähigkeiten und das Können in Balance halten
- ✓ Freizeitausgleich
- ✓ Herausforderung
- ✓ Innovation

5 NEUROPSYCHOLOGIE DER PERSÖNLICHKEIT

In diesem Kapitel werden die Grundlagen der Persönlichkeit dargestellt, damit diese später auch im vertrieblichen Kontext näher erläutert werden können. Ausgegangen wird von der Entwicklung der Persönlichkeitstheorien, über die Dimensionen der Persönlichkeit und daraus resultierenden Verhaltensmuster bis zur Analyse der besonderen Merkmale eines „geborenen" Vertrieblers. Zudem werden mithilfe des Big-Five-Persönlichkeitsmodells die Verhaltensneigungen aus der neuronalen Perspektive beschrieben, anhand dessen der Umgang mit bestimmten Neurotransmittern aus der Persönlichkeit abgeleitet werden kann. Es wird angenommen, dass gewisse Persönlichkeitsmerkmale eine entscheidende Rolle bei den neuronalen Prozessen spielen, und dazu gehört im Besonderen der Umgang mit Stress und die Intensität, mit der die Neurotransmitter und Hormone in besonderen Situationen ausgeschüttet werden.

„Im Orient gab es in einem Tempel einen Saal der tausend Spiegel. Es begab sich, dass sich eines Tages ein Hund im Tempel verirrte und in diesen Saal gelangte. Plötzlich konfrontiert mit tausend Spiegelbildern, knurrte und bellte er seine vermeintlichen Gegner an. Diese zeigten ihm ebenso tausendfach die Zähne und bellten zurück, worauf er noch tollwütiger reagierte. Das führte schließlich zu einer solchen Überanstrengung, dass er in seiner Aufregung daran starb.

Einige Zeit verging, und es kam wieder ein Hund in den Saal der tausend Spiegel. Auch dieser Hund sah sich tausendfach umgeben von seinesgleichen. Da wedelte er freudig mit seinem Schwanz und tausend Hunde wedelten ihm entgegen und freuten sich mit ihm. Freudig und ermutigt verließ er den Tempel."

(Peseschkian, Peseschkian & Peseschkian, 2009, S.12)

Durch diese Anekdote sollte der Stellenwert der Persönlichkeit, Wahrnehmung des Umfelds und der daraus resultierenden Verhaltensweisen veranschaulicht werden. Die Persönlichkeit eines Menschen beeinflusst sehr viele Faktoren und ist in dem Zusammenhang mit dem Umgang mit guten und schlechten Erfahrungen sehr wichtig zu verstehen.

Die Definition der Persönlichkeit unterscheidet sich nicht nur in dem zeitlichen Verlauf, wenn man die alten mit den modernen Theorien vergleicht, sondern auch zwischen dem wissenschaftlichen Verständnis und alltäglichen Verständnis der Laien. Es gibt in der Wissenschaft keine allgemeingültige Definition der Persönlichkeit. In den ersten Lehrbüchern aus der Geschichte der psychologischen Persönlichkeitsforschung gab es für die Persönlichkeit 49 unterschiedliche Definitionen (Pervin, Cervone & John, 2005). In den 50er Jahren hat der amerikanischer Psychologe Gordon Allport die 50ste Definition eingeführt: „Persönlichkeit ist die dynamische Ordnung derjenigen psychophysischen Systeme im Individuum, die seine einzigartigen Anpassungen an seine Umwelt bestimmen." (Allport, 1959, S. 49). Im Duden wird die Persönlichkeit als „umfassende Bezeichnung für die Beschreibung und Erklärung des einzigartigen und individuellen Musters von Eigenschaften eines Menschen, die relativ überdauernd dessen Verhalten bestimmen" (Simon, 2010, S. 10) beschrieben.

Die Persönlichkeit ist also nicht so einfach zu beschreiben und besitzt somit die zahlreichen unterschiedlichen Definitionen. Es ist ein komplexes Konstrukt, das durch viele Faktoren geprägt wird. Einerseits können sich als Faktoren die individuellen Veranlagungen eines Menschen manifestieren, andererseits die Umwelteinflüsse und Erfahrungen. In der eigenschaftsorientierten Persönlichkeitspsychologie wird die Persönlichkeit als relativ stabiles Merkmal für die Beschreibung des menschlichen Verhaltens dargestellt. Bei der Erforschung der Dimensionen der Persönlichkeit haben Eysenck 1947 drei Dimensionen (Offenheit, Gewissenhaftigkeit und Verträglichkeit) und Catell 1956/1957 fünf Dimensionen (dazu noch Neurotizismus und Extraversion) definiert. Viele andere Forscher nahmen für weitere Untersuchungen der Zusammenhänge ebenfalls die fünf Dimensionen an (Allport, 1937, Norman, 1963, Costa und McCrae, 1985) (Satow, 2012). In den 80er Jahren führte Goldenberg basierend auf den bisherigen Forschungen den Begriff Big-Five-Modell der Persönlichkeit ein. Im folgenden Unterkapitel wird das Big-Five-Modell der Persönlichkeit näher erläutert.

5.1 BIG-FIVE-MODELL DER PERSÖNLICHKEIT

Das Big-Five-Modell beinhaltet die Zusammenfassung der unterschiedlichen Facetten der Persönlichkeit, die in fünf Dimensionen zusammengebracht werden. Diese fünf Dimensionen wurden in unterschiedlichen Kulturen erforscht und somit wird die Persönlichkeit weltweit sehr ähnlich dargestellt. Das Modell wurde als „OCEAN Modell" bezeichnet, was ein Akronym aus der englischen Sprache für Openess, Conscientiousness, Extraversion, Agreeableness und Neuroticism darstellt. Wichtig zu beachten bei der Interpretation der Persönlichkeit ist, dass jede Dimension in einer bestimmten Ausprägung im menschlichen Verhalten durch unterschiedliche Facetten manifestiert wird. Es kann also sein, dann man bei einer Dimension keine besondere Tendenz in der Ausprägung hat, sondern gerade in der Mitte der Dimension steht. Man kann sich zur Vereinfachung der Interpretation eine Skala vorstellen, auf deren Rändern sich die zwei Gegenpole befinden, z.B. Introversion vs. Extraversion. Die Ausprägungen könnte man auf dieser Skala mit der Prozentzahl von −100 % bis +100 % messen. Wenn wir beispielweise in der Dimension Extraversion keine besondere Tendenz aufweisen, ist unsere Ausprägung nahe 0 und somit ist es mehr situationsabhängig, ob man mehr introvertiert oder extrovertiert reagiert. In der folgenden Abbildung ist die Skala zur Interpretation der Persönlichkeitsmerkmale grafisch dargestellt.

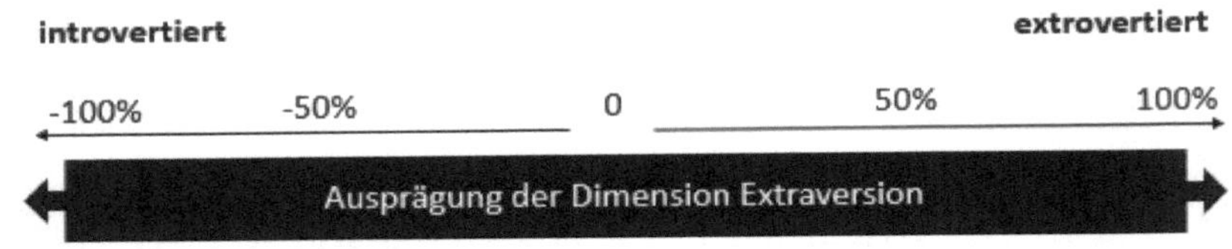

Man kann sich in der Bestimmung der Persönlichkeit entlang der Achse bewegen und einen prozentualen Wert für sich bestimmen, indem man die Frage beantwortet: Zu wie viel Prozent würde ich meine Persönlichkeit als extrovertiert bewerten? Somit kann man auch einfach erkennen, dass diese Ausprägungen sehr unterschiedlich ausfallen können und es Menschen gibt, die sehr extrovertiert sein können (Ausprägung nahe 100 %) oder nur ein bisschen extrovertiert sein können (Ausprägung zwischen 10 und 20 %) oder schon leicht introvertiert (Ausprägung zwischen −10 %

und −20 %). Es gibt Menschen, die situationsabhängig mal introvertiert und mal extrovertiert reagieren. Und auf diese Art und Weise sind alle anderen Dimensionen zu interpretieren.

Im Folgenden werden die fünf Dimensionen und dazugehörigen Facetten beschrieben.

I. **Openess (Offenheit für Neues vs. Tradition):** In dieser Dimension geht es um die offene Haltung gegenüber den neuen unbekannten Situationen und Erfahrungen. Menschen mit einer hohen Ausprägung in dieser Dimension interessieren sich für Kunst, Kultur sowie Natur und werden als intellektuell, kultiviert und fantasievoll bezeichnet. Diese Menschen sind auch empfänglicher für das eigene Vorstellungsvermögen, sind empfänglicher für eigene und fremde Gefühle, führen gerne philosophische Debatten und sind offen für die Überprüfung eigener Werte und Normen (Litzcke, 2013: 53–55) (Lord, 2007, S. 42–45). Im Big-Five-Persönlichkeitstest (B5T) wird die Dimension durch Items wie: *„Ich will immer neue Dinge ausprobieren"* und *„Ich beschäftige mich viel mit Kunst, Musik und Literatur"* bestimmt. Die Ausprägungsskala würde für diese Dimension folgendermaßen aussehen:

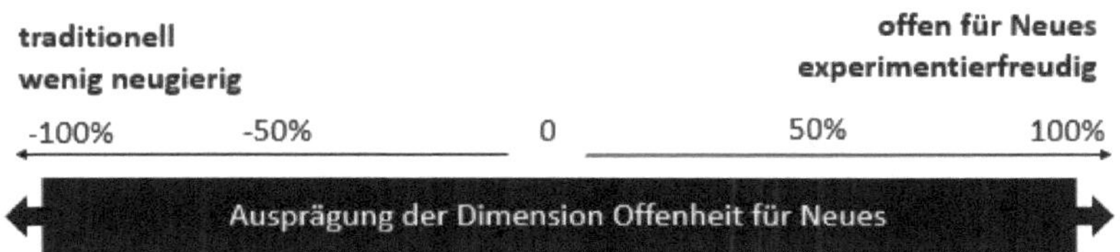

II. **Conscientiousness (Gewissenhaftigkeit vs. Unordnung):** In dieser Dimension geht es um die Tendenz zur Sorgfältigkeit, Zuverlässigkeit und Genauigkeit. Zur Gewissenhaftigkeit gehört Kompetenz und die damit einhergehende Überzeugung, umsichtig und effektiv zu sein. Die gewissenhaften Menschen sind sehr durch Ordnungsliebe, strukturierte Vorgehensweise, Vorausplanung und systematisches Arbeiten geprägt. Sie sind auch sehr pflichtbewusst und streben nach Leistung durch hohe Leistungsstandards. Sie sind auch sehr selbstdiszipliniert und können die Aufgaben trotz Langweile und Ablenkung beenden (Litzcke, 2013, S. 49–53) (Lord, 2007, S. 36–42, 45–47). In dem B5T wird die Gewissenhaftigkeit unter anderem mit folgenden Fragen bestimmt: *„Meine Aufgaben erledige ich immer sehr genau"* oder *„Ich bin sehr pflichtbewusst"*. Die Ausprägungsskala würde für diese Dimension folgendermaßen aussehen:

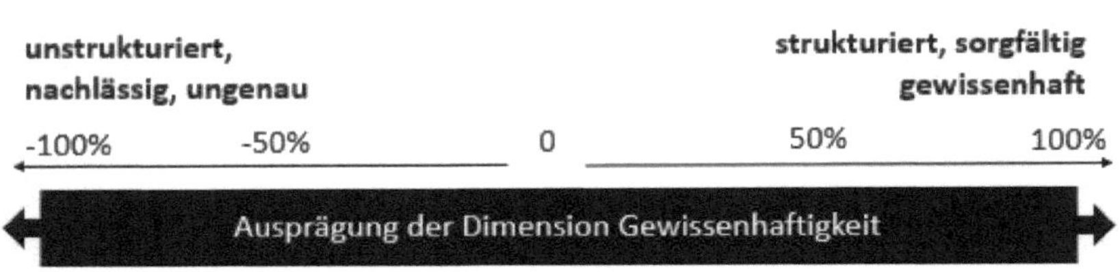

III. Extraversion vs. Introversion: Extrovertierte Menschen kann man als gesprächig, freimütig, unternehmungslustig und gesellig bezeichnen. Die weiteren Facetten, die diese Dimension abbilden, sind die Bereitschaft zu engen persönlichen Beziehungen, soziale Dominanz und Eindringlichkeit, hohes Lebenstempo und Bedürfnis nach ständiger Beschäftigung, Erlebnishunger mit dem damit einhergehenden Bedürfnis nach Aufregung und Stimulation. Die Menschen mit hoher Ausprägung der Extraversion verbringen die Zeit lieber in der Gesellschaft als allein und zeigen auch öfter und intensiver positive Gefühle (Litzcke, 2013, S. 44–49) (Lord, 2007, S. 27–36, 48–51). Im B5T wird diese Dimension durch Items wie: *„Ich bin gerne mit anderen Menschen zusammen"* und *„Ich bin unternehmungslustig"* abgefragt. Die Ausprägungsskala würde für diese Dimension folgendermaßen aussehen:

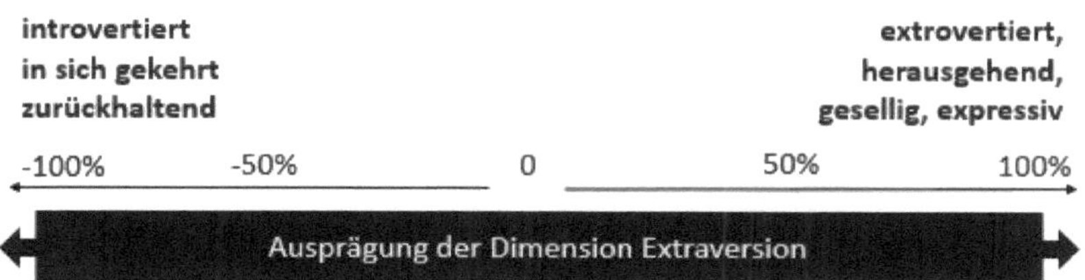

IV. Agreeableness (Verträglichkeit vs. Unverträglichkeit): Die nächste Dimension des Modells stellt die Verträglichkeit dar. Mit dieser Dimension gehen die Persönlichkeitseigenschaften wie gutmütig, freundlich, kooperativ einher. Menschen mit hoher Ausprägung der Verträglichkeit stellen die Motive anderer nicht in Frage, sind freimütiger und diplomatischer, sind altruistischer und eher bereit anderen zu helfen. Sie kommen anderen gerne entgegen und lassen sich auf Kompromisse ein. Sie ordnen sich eher dem Willen anderer unter und vermeiden Konflikte. Sie wirken auch manchmal anspruchslos. Sie besitzen Sympathie und Mitgefühl für andere (Litzcke, 2013, S. 49–53) (Lord, 2007, S. 36–42, 45–47). Im B5T wird die Dimension unter anderem durch folgende Items abgefragt: *„Ich achte darauf, dass ich immer freundlich bin"*, *„Ich würde meine schlechte Laune nie an anderen auslassen"*. Die Ausprägungsskala würde für diese Dimension folgendermaßen aussehen:

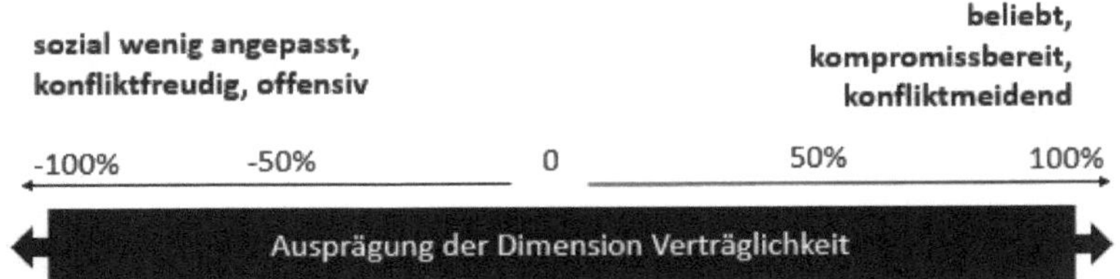

V. Neuroticism (Emotionale Stabilität vs. Neurotizismus): Die letzte Dimension des OCEAN-Modells stellt der Neurotizismus dar. Hier geht es um eine Eigenschaft, die Ausgeglichenheit und Gelassenheit einer Person beschreibt. Menschen, die eine hohe emotionale Stabilität haben, sind meistens entspannt, reagieren nicht impulsiv und wirken sehr stabil. Das Gegenteil, die Menschen mit emotionaler Instabilität, sind ängstlich und machen sich immer im Vorfeld viele Sorgen. Sie sind reizbar, werden schnell frustriert und zeigen eine gewisse Verbitterung gegenüber den anderen. Sie neigen zu traurigen Stimmungen und zur Hoffnungslosigkeit. Sie fühlen sich sozial befangen und sind empfindlich und verletzlich. Sie geraten auch leicht in Panik in herausfordernden Situationen (Litzcke, 2013, S.44–49), (Lord, 2007, S. 27–36, 48–51). Im B5T wird diese Dimension unter anderem durch folgende Items gemessen: *„Ich bin ein ängstlicher Typ"* oder *„Ich fühle mich oft unsicher"*. Die Ausprägungsskala würde für diese Dimension folgendermaßen aussehen:

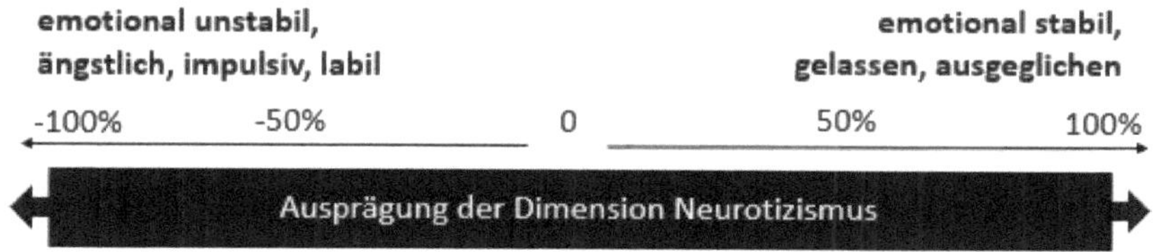

Nachdem das Model Big-Five ausführlich dargestellt wurde, folgt hier eine kleine Übung:

Halten Sie jetzt kurz inne und versuchen Ihr eigenes Profil auf den angegebenen Skalen abzubilden. Schätzen Sie in jeder der fünf Dimensionen, wo Ihre Persönlichkeitsausprägung liegt. Schreiben Sie sich die Ergebnisse folgendermaßen auf (Beispiel): Offenheit:

80 %; Gewissenhaftigkeit 60 %, Neurotizismus: −20 % usw. Nachdem Sie für sich diese Zuordnung gemacht haben, überlegen Sie sich, welche Menschen aus Ihrem beruflichen Umfeld auf der jeweiligen Skala rechts und welche Menschen auf der Skala links von Ihnen stehen. Welche Erkenntnisse ziehen Sie daraus?

Überlegen Sie sich die Antworten für die folgenden Fragen:

- Wie schätzt eine emotional sehr stabile Person eine Person mit geringer emotionaler Stabilität ein? Und umgekehrt?
- Wie schätzt eine extravertierte Person eine introvertierte Person ein? Und umgekehrt?
- Wie schätzt eine verträgliche Person eine wenig verträgliche Person ein? Und umgekehrt?
- Wie schätzt eine gewissenhafte Person eine wenig gewissenhafte Person ein? Und umgekehrt?
- Wie schätzt eine Person mit hoher Offenheit eine Person mit geringerer Offenheit ein? Und umgekehrt?
- Fällt Ihnen dazu noch etwas besonders ein?

5.2 MOTIVE

Nachdem die Persönlichkeit dargestellt wurde, ist es wichtig, die persönlichkeitsbedingte Prädisposition einer Person von ihren Motiven und ihrer Motivation zu unterscheiden. Motive stellen eine gewisse Prädisposition einer Person dar, auf bestimmte Situationen in einer bestimmten Art und Weise zu reagieren (Heckhausen & Heckhausen, 2010). In der klassischen Psychologie unterscheiden wir drei Arten der Motive: Leistungsmotiv, Machtmotiv und Anschlussmotiv (Rudolph, 2013):

Leistungsmotiv ist in den Situationen wirksam, in denen man sich durch eine Leistung messen kann. Dieses Motiv kommt dann zum Ausdruck, wenn man sich in etwas beweisen konnte und somit auch zufrieden mit dem Ergebnis ist. Personen, für die das Leistungsmotiv von Bedeutung ist, suchen nach herausfordernden Aufgaben, in denen sie ihre Leistung erfolgreich beweisen können. Diese Personen bevorzugen die Einzel- statt der Gruppenaufgaben. Bei Misserfolgen reagieren die Leistungsorientierten mit Stress. Wenn dieses Motiv sehr stark ausgeprägt ist, führt es zur Selbstüberforderung, Erschöpfung und chronischem Stress (Tegtmeier & Tegtmeier, 2013; Kegel, 2013).

Machtmotiv wird dann wirksam, wenn man in der Lage ist, andere Menschen zu beeinflussen. Die Bedürfnisse, die sich in diesem Motiv manifestieren, sind Kontrolle und Status sowie Führungsverantwortung. Dieses Motiv wird durch Gehorsamkeit anderer Menschen, Prestige, Ansehen und soziale Anerkennung befriedigt. Diese Person ist ehrgeizig und strebt danach, besser als andere zu sein. Evolutionsbedingt ist das Machtmotiv bei Männern häufiger ausgeprägt als bei Frauen. Bei einem hoch ausgeprägten Machmotiv zeigen die Studien mehr chronische Stressveranlagung und einen negativen Einfluss auf das Gesundheitsverhalten auf (Kegel, 2013). Zudem erleben die Menschen mit einem stark ausgeprägten Machtmotiv mehr emotionale und soziale Distanz (McClelland, 1979; zitiert nach Schmalt & Langens, 2009).

Das dritte Motiv ist **Anschluss.** Dieses Motiv ist in Situationen wirksam, in denen man soziale Beziehungen aufbauen

und erhalten kann. Dieses Motiv wird dann befriedigt, wenn man sich gemocht fühlt. Personen mit ausgeprägtem Anschlussmotiv streben nach Akzeptanz und Zuneigung anderer Menschen. Sie sind relativ sensibel für Zurückweisung und Spannung. Sie präferieren kooperative Interaktionen.
Im kommenden Kapitel werden die Persönlichkeitsmerkmale zusammen mit einem neuropsychologischen Verhaltensmuster und viele weiteren Tendenzen der einzelnen Persönlichkeitsdimensionen dargestellt.

5.3 PERSÖNLICHKEIT UND VERHALTENSMUSTER

In der Persönlichkeitspsychologie haben sich die Forscher die Fragen gestellt, wie hängen die neurologischen Prozesse mit den Persönlichkeitsmerkmalen zusammen. Auf der neurologischen Ebene manifestiert sich ein bestimmtes Erregungsmuster in den hormonellen und Neurotransmittersystemen, was die Menschen in der Wahrnehmung des Umfelds und Handlungsverhaltens so voneinander unterscheidet. Es gibt heute viele Studien, die zeigen, dass die Persönlichkeit auf einen Zusammenhang der Intensität und Art der ausgeschütteten Botenstoffe im limbischen System zurückzuführen ist. Also man kann die Persönlichkeit auf der biologischen Ebene nachvollziehen und vollständig erklären. Es kommt auf die Art und Intensität an, mit der unser Körper auf die Umgebung reagiert. In den Studien zur Messung des Zusammenhangs zwischen den physiologischen Prozessen und der

Persönlichkeit wurden zahlreiche Erkenntnisse gewonnen, die in jeder der fünf Persönlichkeitsdimensionen zu finden sind:

Neurotizismus: In Bezug auf die emotionale Stabilität zeigt die Studie von Judge, Heller und Klinger (2008), dass die Menschen mit hohem Neurotizismus vermehrt Stress erleben und sich in belastenden Situationen häufig bedroht fühlen. In einer Studie von Huber (2014) zeigt sich auch, dass die neurotischen Personen einen negativen Einfluss auf das Gesundheitsverhalten haben, da sie mit erhöhter limbischer Aktivierung reagieren. Somit ergeben sich negative Stimmungslagen (Eysenck, 1953; zitiert nach Asendorpf, 2011). Es gibt auch eine Studie, die zeigt, dass die neurotische Veranlagung öfter bei Rauchern als bei Nichtrauchern zu beobachten ist, was eng mit dem Dopaminhaushalt zusammenhängt (Munafo, Zetteler & Clark, 2007).

Extraversion: Die Forscher zeigten den negativen Zusammenhang zwischen der Introversion und dem beruflichen Stresserleben auf (Xiaoyuan, Zhentao, Yuan & Jing, 2015). Extrovertierte Menschen wenden öfter positives Denken an und somit bleiben Sie von dem Stress und der Ausschüttung der Stresshormone verschont. Die Extrovertierten selektieren bewusster die positiven Aspekte und suchen sich die soziale Unterstützung. Auch die Attributionstheorien sind bei den Extrovertierten anders als bei Introvertierten. Sie führen die Misserfolge nicht auf die eigene Peron zurück, sondern suchen die Gründe für einen Misserfolg intensiver im Umfeld. Dieses Verhalten führt zur Reduktion der Botenstoffe, die weitere Stressreaktionen verursachen könnten (Zellars & Perrewé, 2002; Swickert, Rosntreter, Hittner & Mushrush, 2002).

Gewissenhaftigkeit: In einer Studie wurde belegt, dass gewissenhafte Menschen gesünder und länger leben als auch mehr unternehmen, um die Gesundheit zu schützen (Törnroos et al; 2013; Leger, Charles, Turiano & Almeida, 2016). Gewissenhafte Menschen greifen weniger auf Alkohol und Nikotin zurück. Der Abhängigkeitstrieb, der vor allem durch Ausschüttung von Dopamin vorhanden ist, ist bei den Gewissenshaften nicht so stark ausgeprägt (Vollrath, 1988, zitiert nach Hauser, 2004). Sie arbeiten auch mehr aufgabenfokussiert und können aufgabenfremde Informationen besser ausblenden (Bogg & Roberts, 2004).

Offenheit für Neues und Verträglichkeit: Diese beiden Dimensionen sind in Bezug auf das Stresserleben und damit einhergehende Botenstoffe relativ selten erforscht worden. Personen mit offener Persönlichkeit auf neue Erkenntnisse weisen eine höhere Stressresilienz auf (Schneider, Rench, Lyons & Riffle, 2012).

Im nächsten Kapitel folgt eine Zusammenfassung aller Persönlichkeitsmerkmale, die ein erfolgreicher Vertriebsmitarbeiter besitzen sollte.

5.4 ERFOLGREICHE VERTRIEBSPERSÖNLICHKEIT

Wie schon in den vorherigen Kapiteln erwähnt bleibt die Persönlichkeit im Verlauf des Lebens relativ stabil. Deswegen sollte für den Erfolg in der Vertriebsabteilung ein großer Stellenwert auf Recruiting gelegt werden. Man kann eine Person mit einer beruflich unpassenden Persönlichkeit nur mit sehr viel Mühe und nur mit kurzfristigen Erfolgen coachen. Wenn wir jedoch die Personen mit den passenden Persönlichkeitsmerkmalen für die Ausübung der vertrieblichen Tätigkeit an Bord haben, ist das Coaching und die Personalentwicklung viel effektiver und auf langfristige Erfolge ausgerichtet.

Es gibt zahlreiche Studien, die Zusammenhänge mit beruflichem Erfolg und Persönlichkeitsmerkmalen messen. Im Folgenden werden ausgewählte Kriterien für den Erfolg aus unterschiedlichen Perspektiven näher betrachtet. Die erste Perspektive stellt das Leader-Potenzial dar, das die Persönlichkeitsmerkmale einer Person dargestellt, die wir zum Sales-Manager entwickeln können. Die nächsten Kriterien sind die vertriebliche Leistung, allgemeine Zufriedenheit der Mitarbeiter und Qualität der Kundenbeziehungen.

5.4.1 LEADER-POTENTIALS IM VERTRIEB

Mit den Leaders-Potentials sind in diesem Kapitel diejenigen Mitarbeiter gemeint, die ein gewisses Potenzial aufweisen, eine zukünftige Führungsposition zu übernehmen. Welchen Zusammenhang gibt es zwischen einer Persönlichkeit und einem Leader-Potential? Diese Fragen haben sich bereits viele Wissenschaftler gestellt. Es gibt heutzutage zahlreichen Studien, die Persönlichkeitseigenschaften erfolgreicher Personen gemessen haben. In einer Studie wurde die Fremdeinschätzung der DAX 30-Vorstandsvorsitzenden auf die Dimensionen des Big-Five-Modells gemessen. Diese Fremdeinschätzung folgte mithilfe schriftlich ausgearbeiteter Profile der Vorsitzenden auf Basis von publizierten

Artikeln, Interviews und anderen Veröffentlichungen (Mai et al. 2015, 4, 7, 16, 19–20, 23). Das Ergebnis dieser Studie zeigt, dass die erfolgreichsten Menschen folgende Merkmale aufweisen:

- hohe emotionale Stabilität
- leicht überdurchschnittliche Extraversion
- leicht unterdurchschnittliche Verträglichkeit
- sehr hohe Gewissenhaftigkeit
- leicht überdurchschnittliche Offenheit für Neues

Es gibt auch eine Studie, die den Zusammenhang zwischen Persönlichkeit und Führungsqualität gemessen hat (Burch & Anderson, 2009); (Judge et al., 2002). In dieser Studie wurden folgenden Zusammenhänge erforscht: positiver Zusammenhang der Führungsqualität mit Extraversion, emotionaler Stabilität, Gewissenhaftigkeit und Offenheit für Neues. Das bedeutet, je größer die Ausprägung dieser vier Dimensionen ist, desto bessere Führungsqualität konnte vorhergesagt werden. Interessanterweise hat sich in dieser Studie kein Zusammenhang zwischen Führungsqualität und Verträglichkeit ergeben.

Ein Mitarbeiter mit diesen Persönlichkeitsmerkmalen hat ein großes Potenzial, sich zu einer guten Führungskraft zu entwickeln. Es ist jedoch sicherlich nicht ausreichend, nur eine passende Persönlichkeit zu besitzen. Vielmehr ist es ein Zusammenspiel mehrerer Komponenten wie Motive einer Person oder Intelligenz. Mit einer erfolgreichen Karriere stehen in einer Studie von Judge, Higgins, Thoresen & Barrick (1999) folgende Aspekte im Zusammenhang:

- hohe emotionale Stabilität,

- hohe Gewissenhaftigkeit
- allgemeine Intelligenz

Extraversion und Verträglichkeit spielen in dieser Studie keine bedeutsame Rolle. Zuletzt sind auch die Motive der Mitarbeiter zu analysieren, die im Laufe des Lebens ebenfalls stabil bleiben, um ein Leader-Potential zu identifizieren. Ergebnisse vieler Studien zeigen, dass die guten Führungskräfte ein mittelstark ausgeprägtes Leistungsmotiv haben, ein hohes sozial orientiertes Machtmotiv und ein geringes Anschlussmotiv (Judge et al., 2002).

5.4.2 VERTRIEBLICHE LEISTUNG

Um die hohe vertriebliche Leistung vorhersagen zu können, ist an erster Stelle die hohe Ausprägung in der Gewissenhaftigkeit von zentraler Bedeutung. Die Wissenschaftler Barrick, Mount & Judge (2001) haben einen Zusammenhang zwischen der beruflichen Leistung und der Gewissenhaftigkeit bewiesen. Dieser Zusammenhang bezieht sich nicht nur auf den Vertrieb, sondern auch auf viele andere Berufsgruppen wie Manager, Polizisten, hoch- und halbqualifizierte Mitarbeiter. In einer weiteren Studie wurde bewiesen, dass die Gewissenhaftigkeit für den beruflichen Erfolg eben das aussagekräftigste Persönlichkeitsmerkmal ist (Hurtz & Donovan, 2000). Bei der Gewissenhaftigkeit ist auch die andere Seite der Medaille zu beachten. Zu hohe Gewissenhaftigkeit hat in einer Studie mit Vertriebsmitarbeitern einer deutschen Versicherung gezeigt, dass diese auch einige Nachteile mit sich bringt. Sie kann sich aufgrund von selbstkritischem Perfektionismus oder stärkeren Stressreaktionen auf negatives

Feedback leistungsmindernd auswirken (Whiler et al.,2017, S. 292).

Wenn wir uns die Motivationsstudien im Zusammenhang mit der Persönlichkeit anschauen, wirken sich vor allem die emotionale Stabilität und Gewissenhaftigkeit auf die Leistungsmotivation am stärksten aus (Judge & Ilies, 2002). In einer Studie der Organisational Citizenship Behaviour (OCB), was als freiwilliges Arbeitsengagement bezeichnet wird, das über das vertraglich geforderte Maß hinausgeht, wurde nachgewiesen, dass die hohe Gewissenhaftigkeit dieses Verhalten begründet (Borman et al., 2001).

Ein weiterer Faktor für die Qualität der vertrieblichen Leistung ist sicherlich die Extraversion und die Offenheit für Neues in Bezug auf den Beziehungsaufbau mit den Kunden. In einer Studie wurde nachgewiesen, dass extrovertierte Personen grundsätzlich zufriedener am Arbeitsplatz sind als die introvertierten. Introvertierte Personen sind in solchen Berufen wie Vertrieb aufgrund von zu viel Stimulation unzufriedener (Judge, 2002). Im vertrieblichen Umfeld muss man sich auch sehr schnell auf neue Gegebenheiten und eine Vielzahl an unterschiedlichen Anforderungen der Kunden anpassen können. Für die beste Anpassungsfähigkeit ist der Mix der drei hochausgeprägten Merkmale: Gewissenhaftigkeit, Extraversion und Offenheit von zentraler Bedeutung (van Vianen et al. 2012).

6 NEUROLEADERSHIP - AUSGEWÄHLTE UMSETZUNGSSTRATEGIEN

Nach der Darstellung der wichtigsten neurobiologischen Grundlagen, der Wirkung von Neurotransmittern und der Analyse der Persönlichkeit wurden die ersten neurologischen Leadership-Ansätze in Fallbeispielen und Reflexionsfragen dargestellt. Es wurden viele Aspekte benannt, die von einer Führungskraft in der Interaktion mit dem Mitarbeiter zu beachten sind. Darüber hinaus gibt es weitere Umsetzungsstrategien, die in ganzheitlichen Modellen für Neuroleadership-Prinzipien abgebildet sind. In der Literatur gibt es bereits viele solcher Modelle, die die gehirngerechten Prinzipien abbilden und die wichtigsten Handlungsoptionen darstellen. Das erste Modell, das im Jahr 2008 veröffentlich wurde, ist das SCRAF-Modell von Rock. Das ist ein umfassendes Modell, das auf den fünf wichtigsten Dimensionen basiert.

Das SCARF-Modell ist einer der ersten Neuroleadership-Ansätze, das im Jahr 2008 vom Wissenschaftler Rock veröffentlich wurde. Dieses Modell zielt vor allem auf das Führungsverhalten, das einerseits das Gefühl von Gefahr und Bedrohung bei den Mitarbeitern minimiert und anderseits das Gefühl von Belohnung und Sicherheit maximiert, was die Motivation und Leistungsbereitschaft der Mitarbeiter steigern (Rock, 2009). David Rock beschäftigte sich in Bezug auf Neuroleadership-Prinzipien und deren Zusammenhängen mit zahlreichen folgenden Forschungsthemen: Theorie des Geistes, Das Selbst, Achtsamkeit,

Emotionale Regulation, Einstellungen und Stereotypen, Empathie, sozialer Schmerz, Kooperation Verbundenheit, Überzeugungskraft, Moral, Mitgefühl, Betrug, Vertrauen und Zielverfolgung (Rock, 2008).

Durch eine negative Bewertung der Situation wird im Gehirn ein Vermeidungssystem aktiviert und durch eine positive Bewertung einer Situation aktiviert das Gehirn das Annäherungssystem (Rock, 2009). Diese Wirkung kommt vor allem durch die Ausschüttung verschiedener Neurotransmitter im limbischen System, wie beispielweise Dopamin, Oxytocin, Serotonin oder Acetylcholin usw. vor (Reinhardt, 2014). In der Studie von LeDoux (1996) wurde bewiesen, dass je häufiger das Vermeidungssystem oder Annäherungssystem aktiviert wird, umso leichter lässt es sich beim wiederholten Mal aktivieren. Dieser Prozess ist für die Menschen nur beschränkt bewusst und somit ist es nicht möglich über die Prozesse eine bewusste Kontrolle auszuüben. Zusätzlich wurde auch bewiesen, dass das Erleben von negativen Situationen, die das Vermeidungssystem aktivieren, emotional deutlich intensiver ist und dauert auch wesentlich länger als das Erleben vom etwas Positivem. Das Negative beansprucht das Gehirn im hohen Maß und somit werden logische Denkprozesse und Problemlösungsfähigkeit reduziert (LeDoux, 1996). Das SCRAF-Modell beinhaltet fünf Dimensionen, die drauf abzielen, die Belohnungsmaximierung und Bedrohungsminimierung durch die Interaktionen der Mitarbeiter mit den Führungskräften zu steuern (Rock, 2008). Zu diesen fünf Dimensionen gehören Status, Autonomie, Sicherheit/Vorhersehbarkeit, Zugehörigkeit und Fairness. Diese Dimensionen stehen in einer Verbindung und weisen einen starken Zusammenhang auf (Reinhardt, 2014). Im Folgenden wird jede Dimension des Modells genauer beschrieben.

6.1 STATUS

Die erste Dimension des SCRAF-Modells ist der Status. Dabei geht es vor allem um die Art der Beziehungen in der Arbeit und Stellung unter den Mitarbeitern. Das Überlegenheitsgefühl führt zur Ausschüttung des Hormons Dopamin, das Glücksgefühle verursacht (Rock & Cox, 2012). Das Gegenteil – Unterlegenheitsgefühl – führt zur Entstehung negativer Gefühle. Die Wissenschaftler berichten, dass bei dem unzureichenden Gefühl von Status, also dem Gefühl, dass man jemandem unterlegen ist, die gleichen Regionen im Gehirn aktiviert werden, die sich bei körperlichen Schmerzen aktiviert hätten (Rock & Cox 2012). Somit ist das Gefühl von Status für Gesundheit von Menschen von zentraler Bedeutung (Rock, 2008). Krampe (2014) beschreibt den Selbstwert eines Mitarbeiters ebenfalls als kritische Variable für den Unternehmenserfolg. Er schreibt, dass „Personen mit hohem Selbstwertniveau jenes v. a. über dominantes und kompetentes Auftreten zu erhöhen bzw. stabilisieren versuchen, wohingegen Personen mit niedrigem Selbstwertniveau eher darauf bedacht sind, Fehler zu vermeiden und riskanten bzw. schwierigen Situationen aus dem Weg zu gehen“ (Krampe, 2014, S. 22). Somit haben diejenigen mit unzureichendem Selbstwertniveau Schwierigkeiten, sich einer Herausforderung lösungsorientiert zu stellen, was im Privat- als auch Berufsleben ein wichtiger Erfolgsfaktor ist.

6.2 SICHERHEIT UND VORHERSEHBARKEIT

Die zweite Dimension des SCRAF-Models stellt die Sicherheit/Vorhersehbarkeit (engl. certainty) dar. Die Sicherheit entsteht mit dem Gefühl, dass man in der Lage ist, die zukünftigen Entwicklungen der Situation gut einschätzen zu können (Rock, 2008). Der unternehmerische Alltag ist komplex, unsicher und unberechenbar (Dörr, Albo & Monastiridis, 2018). Das bedeutet, dass das Sicherheitsgefühl der Mitarbeiter in der VUCA-Welt immer in Bedrohung steht. Der Alltag eines Mitarbeiters wird immer komplexer und immer mehr unvorhersehbar, was dazu führt, dass das Vermeidungssystem unter diesen Umständen aktiviert wird. Die Neurowissenschaft belegt, dass in unbekannten Situationen unser Gehirn mehr Energie verbraucht als in bekannten Situationen (Rock, 2008). Wenn der Mensch etwas nicht kennt, versucht das Gehirn die Wahrnehmungen aus dem Umfeld in ein bekanntes Muster zu bringen. Die bekannten Muster werden als sicherer wahrgenommen als die neuen Muster, deswegen bemüht sich das Gehirn die Situationen in gewisse Muster automatisch zuzuordnen. In der Psychologie spricht man in diesem Fall von einer Kategorisierung (Mayring, 2010). Ein wenig Unsicherheit wirkt sich wiederrum für Aufmerksamkeit, Interesse und Neugier fördernd aus, hilft beim Problemlösen und steigert das Engagement (Rock, 2009). Bei zu viel Unsicherheit neigen die Menschen dazu, die eigenen Ziele in den Hintergrund zu stellen, um die volle Aufmerksamkeit auf die Beseitigung der Unsicherheit zu richten. Die Folge davon ist die Leistungsminderung (Rock, 2008).

6.3 AUTONOMIE

Autonomie stellt die weitere Dimension des SCRAF-Modells dar. Das Gefühl der Autonomie kommt durch die Beeinflussung und Gestaltungsmöglichkeiten von Ereignissen (Rock, 2008). Die Wissenschaftler haben bewiesen, dass je kleiner die Kontrollmöglichkeiten und Entscheidungsfreiheiten desto intensiver wird ein auswegloses und unkontrollierbares Stressempfinden hervorgerufen (Donny, Bigelow & Walsh, 2006). Das Gegenteil, also das Gefühl, dass man in der Lage ist autonom und selbstbestimmt zu handeln, stärkt dagegen die kognitiven Leistungen (Rock & Cox 2012). Die fehlende Autonomie wird durch unflexible, starre Regeln in der Organisation oder durch einen autoritären Führungsstil verursacht (Rock & Cox, 2012). In Studien wurde bereits nachgewiesen, dass die Steigerung der Eigenverantwortung der Mitarbeiter als auch Einbindung und Miteinbeziehung der Mitarbeiter in die organisatorischen Prozesse und Entscheidungen zur besseren Leistungsbereitschaft der Mitarbeiter führt (Rock, 2008).

In Studien von Kovaleva, Beierlein, Kemper und Rammstede (2012) wurde auch belegt, dass eine innere Kontrollüberzeugung eines Mitarbeiters positiv mit allgemeiner Selbstwirksamkeit, Lebenszufriedenheit, Beharrlichkeit, Extraversion, Optimismus, Offenheit, Gewissenhaftigkeit, Vorbedacht und Risikobereitschaft korreliert. Es wurde auch eine negative Korrelation mit Neurotizismus nachgewiesen. In der gleichen Studie wurde ebenfalls einen hohen Zusammenhang der Kontrollüberzeugungen mit Selbstwirksamkeit nachgewiesen.

6.4 ZUGEHÖRIGKEIT

Zugehörigkeit (engl. Relatedness) ist die weitere Dimension des SCAF-Modells und bezeichnet soziale Beziehungen und Zugehörigkeit zu einer Gruppe. Feste und tragfähige Bezeigungen sind für die menschliche Gesundheit sehr wichtig und sind einer der Grundbedürfnisse sowie beispielsweise Bedürfnis nach Nahrung (Cacioppo & Patrick, 2009). Das Gefühl der Zugehörigkeit zu einer festen sozialen Gruppe trägt zur Ausschüttung des Hormons Oxytocin im Gehirn bei, was als angenehm empfunden wird und positives Verhalten fördert (Fineberg & Ross, 2017). Oxytocin wirkt einerseits fördernd für die Kooperation in der eigenen Gruppe, anderseits trägt diese zu aggressivem Verhalten gegenüber anderen Gruppen bei und reduziert somit ebenfalls die Fähigkeit zur Empathie gegenüber anderen sozialen Gruppen (Rock & Cox, 2012). Wissenschaftler haben inzwischen bewiesen, dass wenn wir Informationen von Menschen erhalten, die wir als feindlich wahrnehmen, laufen diese über andere Nervenbahnen im Gehirn, als wenn wir etwas von Menschen gehört hätten, die uns gutgesinnt sind. Die Inforationen von Menschen, für die wir negativ gesinnt sind, schränken unsere Fähigkeit Empathie für diese Menschen zu empfinden ein (Mitchell, Macrae & Banaji, 2006) (Rock, 2009). Im unternehmerischen Umfeld spielt auch das Vertrauen zwischen den Mitarbeitern eine große Rolle. In einer Studie wurde bewiesen, dass beim hohen gegenseitigen Vertrauen die Informationen zwischen den Mitarbeitern besser und schneller geteilt werden, was im Endeffekt zu einer besseren Leistung des Teams führt (Rock, 2008). Wenn jemand in der Gruppe stets ignoriert wird und sich somit aus der Gruppe ausgeschlossen fühlt, führt es zu seelischen Schmerzen, die mit den körperlichen

Schmerzen vergleichbar sind, die dieselben Gehirnareale aktivieren (Brandstätter, 2009). Die weiteren Studien zeigen auch den positiven Einfluss des Zugehörigkeitsgefühls auf das Wohlbefinden der Mitarbeiter (Rock & Cox, 2012). Feste soziale Beziehungen haben auch einen positiven Einfluss auf Gesundheit und verlängern die Lebenserwartung (Shirom, Toker, Alkaly, Jacobson & Balicer, 2011).

6.5 FAIRNESS

Die letzte Dimension im SCRAF-Modell stellt Fairness dar. Fairness definiert sich als ein gerechter Austausch zwischen den Menschen, der sich als Belohnung ausdruckt (Rock, 2008). Ein Austausch der sich als unfair empfindet, erzeugt im Gegensatz negative Emotionen wie Untergrabung oder Feindlichkeit und führt zu einem Bedrohungsgefühl (Tabibnia & Lieberman, 2007) (Rock, 2009). Wenn etwas als Ungerechtigkeit empfunden wird und im weiteren Schritt das ungerechte Verhalten bestraft wird, entsteht das Gefühl der Belohnung (Rock, 2008). Genauso wie bei der Dimension Status und Zugehörigkeit werden durch Verletzung des Fairnessgefühls die gleichen Regionen im Gehirn aktiviert, wie bei den körperlichen Schmerzen (Brandstätter, 2009).

Fazit

Hersey und Blanchert haben im Jahr 1988 ein Konzept: situatives Führen veröffentlich, in dem man den Mitarbeiter nach seinen Reifegraden führt. Hierzu unterscheiden auch die

Wissenschaftler zwischen der personenorientierten Führung und aufgabenorientierter Führung. Wenn man die Prinzipien des Neuroleadership gegenüber dem Modell von Hersey und Blanchert (1988) stellt, dann ist ersichtlich, dass alle Ansätze des SCRAF-Modells, die auf die neurologischen Bedürfnisse der Mitarbeiter ausgerichtet sind, vorwiegend die personenorientierten Führungsprinzipien repräsentieren. Die Dimension Sicherheit/ Vorhersehbarkeit kann hier über die Aufgabenklarheit und feste Rahmenbedingungen, die Stabilität und Orientierung den Mitarbeitern verleihen, die mehr auf den aufgabenorientierten Führungsstil abzielen. In den Neuroleadership-Ansätzen wird der Schwerpunkt auf die Erfüllung der neurologischen Bedürfnisse der Mitarbeiter gelegt, damit das Belohnungszentrum aktiviert wird und Bedrohungsreaktionen minimiert werden. Die fünf SCRAF-Dimensionen zielen drauf ab, den Mitarbeitern möglichst viel von Anerkennung, Lob, Zugehörigkeitsgefühl und Sicherheit zu gewährleisten, als auch die ausreichende Autonomie in der Handlung und Gerechtigkeit zu sichern. Diese Faktoren beziehen sich somit direkt auf die Bedürfnisse der Mitarbeiter, was grundsätzlich als personenorientierte Führung bezeichnet werden kann. Somit ist die Studie der klassischen Führungsansätze und deren Einflüsse auf Zufriedenheit und Erfolg der Mitarbeiter im Vertrieb vergleichbar zu den neuen Ansätzen der neurologischen Führungsprinzipien. Der Unterschied zwischen den alten Führungskonzepten und dem Neuroleadership ist die Tatsache, dass sich die Führungskraft der Biologie und Psychologie des menschlichen Gehirns viel bewusster macht und somit gezielter auf unterschiedliche Bedürfnisse eingehen kann. Es ist nicht nur wichtig, den Reifegrad des Mitarbeiters basierend auf seinen Fähig- und Fertigkeiten zu beachten, sondern seine gesamte emotionale Stimmung und Neigungen als auch motivationale Schemata, die sein Verhalten in vielen Situationen manifestieren. Die Neuroleadership-Prinzipien helfen nicht nur sich der Bedürfnisse der Mitarbeiter bewusst zu machen, sondern auf der Meta-Ebene zu verstehen, was man zur Erfüllung der Bedürfnisse im beruflichen Alltag als Führungskraft beitragen kann.

7 HANDLUNGSEMPFEHLUNG FÜR DIE VERTRIEBSPRAXIS

In diesem Kapitel werden die konkreten Handlungsempfehlungen für die unternehmerische Praxis abgeleitet. Die innovativen Führungskonzepte werden benötigt, um die Mitarbeiter dabei zu unterstützen, die aktuellen Herausforderungen des Alltags zu meistern. Die Führungskräfte stehen vor der Herausforderung, den Mitarbeitern trotzt der instabilen wirtschaftlichen Situation, die durch COVID-19-Pandemie verursacht wurde, eine stabile, sichere unterstützende und respektvolle Umgebung zu verschaffen, in der ein Mitarbeiter sein Potenzial frei entwickeln kann und die Höchstleistung erbringen kann. An dieser Stelle ist es wichtig eine Balance zwischen den Erwartungen der Mitarbeiter und den Erwartungen den Vorgesetzten zu finden. Hier sind die Grenzen der Verbesserungsmöglichkeiten einerseits bei den Mitarbeitern erreicht, die ein absolut perfektes Verhalten von den Vorgesetzten erwarten und anderseits bei den Führungskräften, die eine kontinuierliche fehlerfreie Hochleistung fordern.

Grundsätzlich kann man an dieser Stelle zwischen inhaltlichen Handlungsempfehlungen für gehirngerechte Führung und den methodischen Ansätzen für die Führungskräfteentwicklung differenzieren. In folgenden Unterkapitel werden an der ersten Stelle die wichtigsten inhaltlichen Handlungsempfehlungen für jede SCRAF-Dimension anhand der Literaturrecherche und den in dieser Thesis gewonnen Erkenntnissen abgeleitet.

7.1 INHALTLICHE HANDLUNGSEMPFEHLUNGEN

Zu den inhaltlichen Handlungsempfehlungen zählen die Verhaltensweisen, die von der Führungskraft vorgelebt werden sollten, um die Bedürfnisse der Mitarbeiter entlang der SCRAF-Dimensionen zu erfüllen. Diese Handlungsempfehlungen sind universell und eignen sich sowohl für die Führung der Vertriebsmitarbeiter als auch in vielen anderen Berufsgruppen. In den folgenden Unterkapiteln werden die inhaltlichen Empfehlungen für jede SCRAF-Dimension separat beschrieben.

7.1.1 STATUS

Der Status wird auch laut den Wissenschaftlern Bruch und Berenbold (2016) durch eine sinnvolle Arbeit erhöht. Eine sinnvolle Arbeit zu leisten bedeutet in diesem Sinne, einen Beitrag zu einem Gesamtziel zu leisten (Bruch & Berenbold, 2016). Somit ist es wichtig, dass das Unternehmen eine langfristige Vision verfolgt, die durch die Führungskräfte an die Mitarbeiter getragen werden kann, sodass sie die täglichen Aufgaben auf eine ganzheitliche Art und Weise wahrnehmen und Sinn des Ganzen verstehen. Auf der anderen Seite ist die angemessene Anerkennung von zentraler Bedeutung. In einer Metastudie von Purps-Pardigol (2015) wurde belegt, dass Anerkennung für die geleistete Arbeit und somit Erhöhung des Status der Mitarbeiter die Leistungsbereitschaft sogar verdreifacht. In der Praxis wird eine Bedrohung des Status durch einen überlegenen Kollegen, ein negatives Feedback oder eine Demütigung verursacht. Auf der anderen Seite ist die Führungskraft in der Lage, den Status der

Mitarbeiter durch ein positives Feedback, Lob und Anerkennung zu erhöhen (Marmot, 2014). Aus den Grundbausteinen für die Erhöhung des Status der Mitarbeiter nach Reinhardt (2014) wurden zusätzlich zu den obengenannten Handlungsempfehlungen folgende Maßnahmen abgeleitet:

a) Die Kritik sollte nur persönlich und nicht in Gegenwart der anderen von der Führungskraft geäußert werden.

b) Der Mitarbeiter sollte bei seiner beruflichen Weiterentwicklung individuell von der Führungskraft unterstützt werden.

c) In den Gesprächen sollte immer eine höfliche und respektvolle Atmosphäre geschaffen werden.

d) Die Tätigkeiten sollten die Mitarbeiter nicht überfordern oder unterfordern. Diese sollten durch die Führungskraft so ausgesucht werden, dass sie den Fähigkeiten der Mitarbeiter entsprechen.

e) Zuletzt sind das Lob und Anerkennung im beruflichen Umfeld nicht nur von der Führungskraft, sondern auch von den Kollegen und anderen Vorgesetzten wichtig und somit sollte das gegenseitige positive Feedback in der Organisation gefördert werden.

7.1.2 SICHERHEIT

Das Sicherheitsgefühl wird in dem Arbeitskontext unter anderem dann gewährleistet, wenn die Mitarbeiter die Aufgaben als sinnvoll empfinden, wenn sie durch die Transparenz die langfristigen Ziele und Geschäftsprozesse des Unternehmens kennen und wenn die individuellen Aufgaben und Erwartungen des

Managements klar formuliert sind (Rock, 2008). Das Streben nach Sicherheit ist sehr individuell bei Menschen ausgeprägt. Dabei spielt das Selbstwertgefühl eine wichtige Rolle. Diejenigen die ein hohes Selbstwertgefühl haben, empfingen bei unsicheren Situationen und doppeldeutigen Botschaften weniger Stress als diejenigen, bei denen das Selbstwertgefühl fehlt (Rock & Cox 2012). Das Selbstwertgefühl kann die Führungskraft durch ein positives Feedback, Lob und Anerkennung steigern, die selbst für die kleinen Aufgaben und Bewältigung von alltäglichen Herausforderungen ausgesprochen werden. Das Gefühl von Sicherheit und Vorhersehbarkeit kann von der Führungskraft in der Praxis durch transparente Kommunikation und Unterstützung der Mitarbeiter bei allen Herausforderungen erreicht werden (Ringelb, Rock & Ancona 2012). Aus den Grundbausteinen für die Erhöhung des Sicherheitsgefühls der Mitarbeiter nach Reinhardt (2014) wurden zusätzlich zu den obengenannten Handlungsempfehlungen folgende Maßnahmen abgeleitet:

a) Die Führungskraft sollte die erteilten Aufgaben und ihre Erwartungen möglichst konkret formulieren, sodass die Mitarbeiter genau wissen, was erwartet wird und was nicht.

b) Die Normen und Werte einer Organisation sollen von der Führungskraft glaubwürdig vorgelebt werden. Die Führungskraft ist an dieser Stelle in einer Vorbildrolle und sollte als Vorbild von den Mitarbeitern wahrgenommen werden, um den Mitarbeitern ein Gefühl von Stabilität und Orientierung zu geben.

c) Um das Gefühl der Sicherheit und Vorhersehbarkeit zu steigern, brauchen die Mitarbeiter das Gefühl, dass deren Arbeitsplatz innerhalb des Unternehmens sicher ist. Dieser Punkt nimmt in den Zeiten der Wirtschaftskrise noch stärker an Bedeutung zu. Aus diesem Grund ist eine gewisse Transparenz bzgl. der

Wirtschaftlichkeit des Unternehmens in der Krise nicht nur von den Vorgesetzten, sondern auch von der Geschäftsführung von zentraler Bedeutung, um den Mitarbeitern die unnötigen Ängste und Sorgen abzunehmen. Hierzu sollen die Vorgesetzten immer rechtzeitig die Mitarbeiter über die aktuelle Lage, alle Veränderungen und Prozesse umfassend informieren.

7.1.3 AUTONOMIE

Das Ausmaß der Autonomie der Mitarbeiter hängt von der Unternehmenskultur ab, da sie sehr viel mit Regeln der Organisation und dem Führungsstil zu tun hat. Somit werden starre und unflexible Regeln als auch autoritärer Führungsstil die Autonomie der Mitarbeiter einschränken (Rock & Cox, 2012). Die Autonomie lässt sich durch die individuelle Gestaltung des Alltags der Mitarbeiter, Rahmenbedingungen seiner Tätigkeit als auch die Selbstorganisation erhöhen. In der Praxis wird die Autonomie eingeschränkt, wenn zum Beispiel die Aufgaben der Mitarbeiter nicht individuell zu gestalten sind, sondern stark von der Leistung der anderen Mitarbeiter im Team abhängig sind. Die Steigerung der Eigenverantwortung der Mitarbeiter und Miteinbeziehung in die Entscheidungen ist an dieser Stelle auch sehr wichtig und fördert deren Leistungsbereitschaft (Rock, 2008). Wenn es auf der Tätigkeitsebene nicht so einfach ist, dem Mitarbeiter die Autonomiegefühl zu geben, könnte an dieser Stelle die Wahrnehmung der Autonomie an vielen anderen Stellen in der Organisation vermittelt werden. Beispiele dazu sind: Gestaltung der Arbeitszeiten, Urlaubszeiten, Gestaltung der Büromöbel und im Vertrieb besonders: Selbstbestimmung bei der Themenauswahl für die Kundengespräche, Bestimmung der Reihenfolge und Intensität der Kundenbesuche, Prioritätensetzung, Gestaltung der Preisangebote usw. Für die unternehmerische Praxis ist es wichtig, dass die Autonomie in die organisatorischen Prozesse eingebunden ist und den Mitarbeitern somit ein Freiraum für die eigene Entscheidungen und Handlungsbereiche ermöglich wird (Rock, 2008). Aus den Grundbausteinen für die Erhöhung der Autonomie der Mitarbeiter nach Reinhardt (2014) wurden zusätzlich zu den obengenannten Handlungsempfehlungen folgende Maßnahmen abgeleitet:

a) Um das Gefühl von Autonomie der Mitarbeiter zu fördern, sollte eine möglich offene Feedbackkultur in dem Vorgesetzten-Mitarbeiter-Beziehung herrschen. Der Mitarbeiter sollte sich dadurch immer frei fühlen neue Vorschläge anzuregen und seine Meinung zu äußern.

b) Ein weiterer Punkt für Steigerung der Autonomie ist eine gesunde Work-Life-Balance-Kultur im Unternehmen, die den Mitarbeitern einen Ausgleich zwischen der beruflichen und privaten Welt ermöglicht.

7.1.4 ZUGEHÖRIGKEIT

Die positiven Beziehungen am Arbeitsplatz können von der Führungskraft durch vertrauensvollen Umgang, Stärkung des Teamgeistes und gegenseitige Unterstützung gestärkt werden. Des Weiteren wirken die digitalen sozialen Netzwerke und Maßnahmen zur Konfliktlösung im Team fördernd auf das Zugehörigkeitsgefühl zum Arbeitsteam. Zwischen den Vorgesetzten und dem Mitarbeiter sollte das Gefühl gegenseitigen Vertrauens gefördert werden und das Gefühl, dass man sich aufeinander verlassen kann (Reinhardt, 2014). Wichtig sind in diesem Zusammenhang aus der Führungsperspektive die Achtsamkeit, Empathie und Mitgefühl, die man den Mitarbeitern schenken sollte, um eine vertrauensvolle Beziehung aufzubauen und somit die Bindung der Mitarbeiter zu dem Team und zur Organisation zu stärken (Grote & Goyk, 2018).

7.1.5 FAIRNESS

Eine Führungskraft kann das Gefühl der Gerechtigkeit im Team steigern, indem sie alle Mitarbeiter gleichbehandelt, klare Regeln kommuniziert und transparente und nachvollziehbare Ziele setzt (Peters & Ghadiri, 2013). Aus den Grundbausteinen für die Erhöhung der Autonomie der Mitarbeiter nach Reinhardt (2014) wurden zusätzlich zu den obengenannten Handlungsempfehlungen folgende Maßnahmen abgeleitet:

a) Die Gespräche mit den Mitarbeitern sollten womöglich immer auf deren persönliche Bedürfnisse zugeschnitten werden.

b) Die Führungskräfte sollten die respektvolle Kultur in der Organisation beschützen und das Arbeitsumfeld der Mitarbeiter frei von Einschüchterungen, Entwürdigungen und Beleidigungen schaffen.

c) Die Mitarbeiter sollten die Möglichkeit haben, die persönlichen Sichtweisen im Team zu äußern.

d) Die Vergütung der Mitarbeiter sollte marktgerecht sein und den investierten Aufwand widerspiegeln. Die Verteilung der Aufgaben im Team sollte auch für alle nachvollziehbar sein.

7.2 METHODISCHE HANDLUNGSEMPFEHLUNGEN

Mit all diesen Maßnahmen lassen sich die Inhalte der Neuroleadership-Prinzipien in die unternehmerische Praxis umsetzen. Im Folgenden sollte noch die Frage beantwortet werden, welche Möglichkeiten es im Unternehmen gibt, um den Führungskräften die Wirkung und Ansatzmöglichkeiten der gehirngerechten Führungsprinzipien bewusst zu machen und sie dazu entwickeln, diese Prinzipien auch richtig umzusetzen. An dieser Stelle ist es sinnvoll die methodischen Vorgehensweisen und Instrumente darzustellen, die diese Weiterentwicklung ermöglichen. Die Führungskräfteentwicklung ist ein sehr umfangreiches Thema, deswegen werden nur die ausgewählten Methoden dargestellt, die mit dem in diesem Kapitel beschriebenen Inhalt vermittelt werden können. Die Instrumente der Führungskräfteentwicklung können unter bestimmter Systematisierung wie folgt eingesetzt werden (Becker, 2013):

a) Lernort (räumliche und zeitliche Nähe zum Arbeitsplatz) – In diesem Fall eignet sich einerseits sehr gut eine „off-the-job" Trainingsmethode, die eine räumliche und gedankliche Abgrenzung von dem beruflichen Alltag ermöglicht. Dafür können die Schulungen in verschiedenen Räumlichkeiten außerhalb des Unternehmens durchgeführt werden, um den Führungskräften den theoretischen Inhalt der Neuroleadership-Prinzipien in ganztätigen Seminaren näher zu bringen (Gleich, 2011). Auf der anderen Seite kann im späteren Zeitpunkt ein „on-the-job" Coaching stattfinden, in dem der Wissenstransfer mit der Begleitung eines Coaches stattfindet, der für das Feedback und

Identifizierung der Entwicklungspotenziale verantwortlich ist. Dank des Coachings kann ein Abgleich von Fremd- und Selbstbild stattfinden und somit kann das Verhalten modifiziert werden (Meier, 2010).

b) Sozialform des Lernens (Einzel-, Partner-, Gruppen- oder Plenumsarbeit) – Hier wäre ein Training den Neuroleadership-Inhalten in einer Führungskräfte-Gruppe oder zumindest als Partnertraining empfohlen, in der einen Erfahrungsaustausch aber auch die Übungen, Rollenspiele und Meinungsaustausch stattfindet. Wichtig ist ebenfalls ein gegenseitiges Feedback zu der Wirkung der eingesetzten Methoden.

c) Grad der Selbstgesteuertheit des Lernens (Bestimmung der Lernziele, -methoden, -tempo und -inhalte) – Für die Bestimmung der Lernziele und den eingesetzten Methoden eignet sich zuerst ein individueller Selbst- und Fremdeinschätzungstest für die Führungskräfte, um einerseits ein aktuelles Wissenstand der hirngerechten Führungsprinzipien zu ermitteln, anderseits um die aktuelle Verhaltenswirkung der Führungskraft auf die Mitarbeiter zu analysieren, die eine Grundlage für die Weiterentwicklung darstellt.

d) Lehrform (Einsatz von aktiven oder passiven Methoden des Lehrens) – Es wurden mittelweile sehr viele Methoden entwickelt, in denen die Teilnehmer bei den Trainings selbst aktiv werden können, um die langfristigen Lerneffekte zu erzielen (Becker, 2011). Auch bei dem Erlernen der innovativen Führungsmethoden wie Neuroleadership empfehlt sich eine interaktive Herangehensweise, wie beispielsweise die Übungen zum

Perspektivwechsel, Rollenspiele, Gruppendiskussionen, Abfrage und Feedbacktools usw.

7.3 SYSTEMATISCHER EINSATZ DES NEUROLEADERSHIP

Bei der gehirngerechten Führung geht es vor allem darum, im beruflichen Alltag auf die individuellen Bedürfnisse der Mitarbeiter eingehen zu können, um ihre positiven Erfahrungen zu steigen und sie vor den negativen Erfahrungen zu schützen. Durch die Komplexität und Unvorhersehbarkeit der alltäglichen Herausforderungen in der Praxis ist es enorm schwierig, eine universelle Methode für die gehirngerechte Führung zu präsentieren, die ad hoc für alle passend wäre. Ein fertiges Rezept gibt es nicht, es geht in dem Fall mehr um ein gewisses Bewusstsein, Feinfühligkeit und Aufmerksamkeit auf Aspekte, die man vielleicht vorher gar nicht wahrgenommen hat. Es ist jedoch möglich, all diese Inhalte in einer gewisser Art und Weise zu systematisieren und diese in einer Form zu gießen, die man wie eine Schablone nutzen kann, um die Wahrnehmung gewisser Merkmale einfacher zu gestalten und demensprechend schneller eine individuelle Lösung für jeden Mitarbeiter zu finden. Dieses Modell zeigt jetzt die Möglichkeit für eine strukturierte Analyse des Istzustandes. In diesem Modell geht man davon aus, dass der Mensch sehr komplex ist und das Verhalten eines Menschen und seine innere Welt ein dynamisches Zusammenspiel mehrerer komplexer psychologischer und physiologischer Dimensionen darstellt. Dieses Modell geht ebenfalls davon aus, dass die

Herausforderungen des Alltags nur durch die sichere, wertschätzende, klare und verständnisvolle zwischenmenschliche Interaktion am effektivsten zu bewältigen sind.

Das vorgeschlagene Modell kommt von dem Wissenschaftler Hoffmann (2019) und stellt einen neurodynamischen Lösungszyklus dar, der in vier Schritten durchgeführt werden kann. Dieses Modell sollte iterativ verstanden werden. Man kann die einzelnen Schritte mehrmals durchlaufen und man kann auch davon abweichen.

Schritt 1: Analyse und Wertschätzung
➢ Analyse der motivationalen Schemata in Bezug auf: • Extraversion und Neurotizismus • Internale Kontrollüberzeugungen und Selbstwirksamkeit • Grundbedürfnisse ➢ Einschätzung der momentanen emotionalen Situation ➢ Einschätzung der momentanen Verletzung der Grundbedürfnisse
Schritt 2: Wertschätzung des Problems
➢ Situationsanalyse und Verständnis ➢ Abrufen der Ressourcen aus kognitivem und emotionalem Erfahrungsgedächtnis
Schritt 3: Lösung
➢ Entwicklung von Lösungen ➢ Prüfung der Lösungen auf Grundbedürfnisse und motivationale Schemata
Schritt 4: Umsetzung und Evaluation
➢ Umsetzung mit enger Begleitung und Unterstützung ➢ Evaluation und Feedback. Ggf. Suche nach Alternativlösungen

Schritt 1: Analyse und Wertschätzung

In diesem Schritt empfiehlt man an erster Stelle die Einschätzung der motivationalen Schemata der Mitarbeiter. Um die Bedürfnisse eines Individuums zu erfüllen, spielen viele unterschiedliche Faktoren zusammen. Die motivationalen Schemata sind einerseits sehr situationsabhängig, andererseits sehr individuell und durch die Persönlichkeitsmerkmale und bisherigen Erfahrungen geprägt. Es empfehlt sich hierzu im Einzelnen auf die Persönlichkeitsmerkmalanalyse einzugehen, um festzustellen, welches Potenzial bei dem Mitarbeiter noch vorhanden ist, um mit der Annäherungsstrategie zu arbeiten. Um die Persönlichkeitsmerkmale einer Person einzuschätzen, müssen wir erst mal die eigene Persönlichkeit kennen und wissen, mit welcher „Brille" wir durch die Welt gehen.

Im zweiten Schritt ist die Überprüfung der internen Kontrollüberzeugungen und der Selbstwirksamkeit wichtig. Das bedeutet, hier ist darauf zu achten, wie sehr der Mitarbeiter davon überzeugt ist, dass er in der Lage ist, die Probleme aus eigener Kraft zu bewältigen. Hat der Mitarbeiter eine hohe Kontrollüberzeugung und ein hohes Gefühl von Selbstwirksamkeit, wird er zum Annäherungsschema tendieren (Jerusalem & Schwarzer, 1999). Bei diesem Mitarbeiter kann man somit das Ziel oder den Lösungsvorschlag so formulieren, dass es für ihn eine herausfordernde und interessante Aufgabe darstellt. Hat der Mitarbeiter eher eine niedrige Kontrollüberzeugung, sollte das Ziel oder der Lösungsvorschlag so formuliert werden, dass man dem Mitarbeiter die größte Sicherheit und Unterstützung vermittelt. Hier gilt es zu beachten, dass die „Defizitbedürfnisse" durch die Intensivierung der Interaktion abgedeckt werden können, insbesondere: Mangel an Bindung, Sicherheit, Orientierung und Eigenkontrolle (Jerusalem und Schwarzer 1999).

Zuletzt im ersten Schritt sind die motivationalen Schemata auf Basis der Erfüllung der Grundbedürfnisse zu überprüfen. In diesem Fall ist die Intensität jedes einzelnen Bedürfnisses zu bestimmen. Aus dieser Bestimmung sind dann die Hauptmotive des Mitarbeiters abzuleiten. Also die Hintergründe für sein Handeln, die es bestimmen, warum er etwas tut oder nicht tut. Auf Basis dieser Motive kann man die Ziele für den weiteren Verlauf des Gesprächs festlegen.

Hat man die Motive der Mitarbeiter bereits identifiziert, kann man mit der Analyse der momentanen Situation beginnen. Die Analyse der momentanen Situation ermöglicht zu erkennen, wie die Stimmungslage der Mitarbeiter ist. Hierzu spielt nicht nur die Arbeitssituation eine Rolle, sondern auch die Aspekte aus dem Privatleben. In den meisten Fällen überlagern sich diese gegenseitig. Wenn man sich schwierigen Herausforderungen im beruflichen Leben stellt, dazu gleichzeitig mit vielen Problemen und Belastungen aus dem Privatleben kämpfen muss, wird die allgemeine Motivation anders ausfallen und die motivationalen Schemata werden vielleicht anders gelenkt, als wenn im Privatleben alles gut läuft. Um die aktuelle Situation der Mitarbeiter zu analysieren, helfen folgende Überlegungen:

a) Hat der Mitarbeiter in seinem privaten Umfeld stabile Beziehungen?

b) Wenn er über sein Privatleben erzählt, welche Informationen sind es meistens?

c) Ist er auf sein Privatleben stolz?

d) Hat der Mitarbeiter ein Hobby?

e) Hat der Mitarbeiter gute Coping-Strategien für den Umgang mit Stress?

f) Würden wir den Mitarbeiter als eine glückliche Person bezeichnen?

Im weiteren Schritt folgt die Einschätzung der Erfüllung der vier psychologischen Grundbedürfnisse. Dazu sollten wir erst mal den Sollzustand des Mitarbeiters analysieren, um die Wichtigkeit jedes Bedürfnisses zu erfassen. Danach soll der Istzustand analysiert werden, also die aktuelle Befriedigung der Bedürfnisse. Die Differenzen stellen die Inkongruenzen dar. In den vier Grundbedürfnissen kann man mit Hilfe von diesen Überlegungen die erste Einschätzung gewinnen:

Bindung:

✓ Der Mitarbeiter kann stabile Beziehungen auf der Arbeit aufbauen.

✓ Der Mitarbeiter kann sich auch auf seinen Kollegen verlassen.

Orientierung und Kontrolle:

✓ Der Mitarbeiter hat klare kurz-, mittel- und langfristige Ziele.

✓ Der Mitarbeiter weiß, was von ihm erwartet wird.

Selbstwerterhöhung und Selbstwertschutz:

✓ Der Mitarbeiter kann einen wesentlichen Beitrag für das Unternehmen leisten.

- ✓ Der Mitarbeiter bekommt von mir regelmäßig Lob und Anerkennung für seine Leistung.

Lustgewinn und Unlustvermeidung:

- ✓ Der Mitarbeiter fühlt sich gelassen und ist meistens entspannt.
- ✓ Der Mitarbeiter fühlt sich in seiner Arbeit mit seinen Aufgaben erfüllt.

Die Bedürfnisse werden auch in Abhängigkeit von Branchen und Berufen unterschiedlich ausgeprägt. Während ein Programmierer ein sehr stark ausgeprägtes Kontrollbedürfnis haben könnte, sind die Vertriebsmitarbeiter eher das Gegenteil. Was im Vertrieb von großer Bedeutung ist, ist das Bedürfnis nach Lustgewinn. Umsatzgewinn, variable Prämiensysteme und somit materielle Anreize stellen im Vertrieb einen starken Motivationstreiber dar, der das Belohnungssystem aktiviert.

Praxisbeispiele:

I.

Ein junger und selbstbewusster Vertriebsmitarbeiter beginnt seine neue Beschäftigung in einem großen Konzern. Es ergibt sich relativ schnell, dass das Unternehmen eine sehr wertschätzende Kultur vorlebt. Der neue Vorgesetzte lobt seine Mitarbeiter für die kleinsten Erfolge und spricht viele Komplimente aus. Auch bei dem neuen Vertriebsmitarbeiter ist es der Fall: In der gesamten Einarbeitungszeit hatten sie eine offene und transparente Feedbackkultur und es wurde sehr viel gelobt, sobald man wieder etwas Neues gelernt und die ersten Erfolge erzielt hat.

Der Mitarbeiter hat sich damit sehr geehrt und sehr gestärkt gefühlt. Diese Lobkultur und Anerkennung lassen mit der Zeit nicht nach, sondern sind immer sehr intensiv. Es hat sich in dieser Intensität für den Mitarbeiter schon manchmal stückweit komisch angefühlt. Ab einem gewissen Zeitpunkt hat es ihn sogar angefangen zu stören, dass man selbst für Kleinigkeiten in den Himmel gelobt wird. Seine Kollegen und Kolleginnen haben auch immer so viel Lob bekommen. Irgendwann hat eine solche Art der ständigen Wertschätzung für ihn an Bedeutung verloren und es war für ihn einfach nur überflüssig, so viel Zeit in Lob zu investieren, wenn man schlicht und einfach seine Arbeit tut.

In diesem Beispiel ist es ersichtlich, dass die investierte Zeit einer Führungskraft in Erfüllung des Bedürfnisses Lob und Anerkennung nicht effizient ist, weil die Bedürfnisse der Mitarbeiter in diesem Aspekt schon befriedigt sind. Eine solche Übererfüllung von Bedürfnissen kann auch Unmut auslösen. Bei diesem Mitarbeiter sollte man somit drauf achten, dass die Aufgaben, für die man die Wertschätzung ausspricht, herausfordernder und anspruchsvoller sind, damit das Lob wieder an Bedeutung gewinnt. Außerdem ist für die Führungskraft noch zu reflektieren, in welcher Art und Weise und in welchen Situationen das Lob ausgesprochen wird. Vielleicht gibt es mehrere Mitarbeiter, die genau das so empfinden.

II.

Ein erfahrener Vertriebsmitarbeiter beginnt in einem neuen Unternehmen. Das Unternehmen verkauft medizinische Fachgeräte an Kliniken und Krankenhäuser. Der neue Mitarbeiter war früher viele Jahre ein freier Handelsvertreter und hat schon beruflich viel erreicht. In seiner Einarbeitung lernt er über die Arbeitsweisen in der neuen Firma und merkt schnell, dass das Management drauf besteht, dass jeden Tag sehr viel im CRM-System dokumentiert werden muss. Nach einigen Wochen ist er schon gut mit den neuen Prozessen und Arbeitsweisen vertraut. Er gewinnt viele neue Kunden und erfüllt die monatlichen Ziele. In einem monatlichen Gespräch mit dem Vorgesetzten wird er drauf aufmerksam gemacht, dass die Dokumentation im System noch mangelhaft ist. Als er seinen Chef nach der Sinnhaftigkeit einer solch ausführlichen Dokumentation fragt, wird ihm erklärt, dass die Datenpflege wichtig für Vertriebssteuerung ist und man drauf besteht, dass man alles dokumentiert: alle Kundeninteraktionen mit der genauen Beschreibung des Gesprächsthemas und Folgetermine. Der Mitarbeiter sagt, dass es ihn eher behindert, weil er lieber in der Zeit, in der er so viel dokumentieren muss, viele neue Kunden gewinnen könnte. Der Vorgesetzte hat jedoch ein hohes Kontrollbedürfnis, da wiederum sein Vorgesetzter in den monatlichen Businessreviews viele Daten analysiert, und ihm fällt dann auf, dass die Arbeit (laut Dokumentation) nicht gemacht wird.

Der neue Vertriebsmitarbeiter fühlt sich durch die Forderungen der Führungskraft an Dokumentation trotz der sehr gut erbrachten Leistungen in seiner Autonomie eingeschränkt. Er ist von seiner Selbstwirksamkeit überzeugt, jedoch in seinem Selbstwertbedürfnis unbefriedigt, weil er sich ständig kontrolliert fühlt und dadurch wenig Vertrauen von seiner Führungskraft wahrnimmt. Zusätzlich ist auch sein Bedürfnis nach Lustgewinn unbefriedigt, weil er sich nicht in seiner Arbeit frei genug fühlt und nicht ungezwungen selbst entscheiden kann, was er an welchem Tag machen soll. Er braucht auch zusätzlich mehr Freiheit und

Selbständigkeit, damit sein Bedürfnis nach Kontrolle befriedigt wird.

In diesem Beispiel ist die Aufgabe der Führungskraft, die hier sicherlich zwischen Tür und Angel steht, für das Verständnis der Mitarbeiter für die internen Prozesse und somit auch für die Unternehmenskultur zu sorgen. Wenn solche Punkte wie Dokumentation nicht ausbleiben können, sollte man den Mitarbeiter unbedingt über die Sinnhaftigkeit der Systeme und Datenauswertung für die weiteren unternehmerischen Entscheidungen aufklären. Die Daten, die durch CRM-Systeme gewonnen werden, dienen vielen wichtigen Management-Entscheidungen und sind heutzutage von großer Wertigkeit. Der Mitarbeiter, der eine solche Dokumentation ausschließlich als ein Kontrollsystem für seine Arbeit wahrnimmt, ist noch ungenügend aufgeklärt.

Schritt 2: Wertschätzung des Problems

In diesem Schritt wird zunächst die problematische Situation analysiert. Wenn eine Situation als problematisch erscheint, wird das höchstwahrscheinlich mit den verletzten Grundbedürfnissen zusammenhängen. In solchen Fällen ist es sehr ratsam, sich die Gedanken dazu aufzuschreiben und gewisse Sachen schon vorzustrukturieren. Man sollte sich vor allem über die begleitenden Emotionen ein Bild machen. Also wir suchen die Antwort auf die Fragen: In welchem emotionalen Zustand befindet sich der Mitarbeiter? Welche Grundbedürfnisse werden in dieser Situation beeinträchtigt? Welche Auswirkung hat die Situation auf die Arbeit und die ausgeübte Tätigkeit?

An zweiter Stelle ist die Abrufung von positivem Erfahrungsgedächtnis der Mitarbeiter sehr wichtig. Es sollten positive Situationen, die der aktuellen Situation sehr ähneln, gedanklich vorgestellt und die damals angewendeten Ressourcen vor Augen gehalten werden: Was hat damals konkret geholfen? Welche Lösungsmöglichkeiten gab es damals und warum hat man sich für diese entschieden? Jetzt kann man mit diesen Gedanken auch die Brücke zur aktuellen Situation schlagen und überlegen, worin ist der Mitarbeiter wirklich gut, um diese Situation zu lösen.

Schritt 3: Lösung eruieren

Hier kommt es zur Ausarbeitung unterschiedlicher Lösungsvarianten. Im ersten Schritt ist jedoch eine Zieldefinition von zentraler Bedeutung, um die Lösungsoptionen für diese Ziele zu erarbeiten. Diese Ziele sollten nicht von einer rein sachlichen und operativen Natur sein. Ziele von sachlicher Natur ist für die Mitarbeiter sicherlich nichts Neues und würden sich von der normalen Vorgehensweise mit den klassischen Methoden (z.B. SMARTe-Zielformulierung) nicht unterscheiden. In dieser Vorgehensweise geht es mehr um die Formulierung der emotionalen Ziele. Das bedeutet: Was will ich für den Mitarbeiter erreichen oder was soll der Mitarbeiter selbst erreichen, um seine Grundbedürfnisse zu befriedigen? So könnte die Zielformulierung aussehen:

- ✓ Der Mitarbeiter bekommt ab sofort mehr Eigenverantwortung in der Aufgabe X.
- ✓ Der Mitarbeiter fühlt sich nützlich und hilfreich.
- ✓ Der Mitarbeiter gewinnt mehr Struktur in der Tätigkeit, damit er sich bei den zahlreichen Aufgaben besser orientieren kann.

Hier ist es auch wichtig, dass alle Beteiligten mit dem Ziel einverstanden sind. Aus diesen Zielen folgt die Erarbeitung der Lösungen. Die einschränkenden Rahmenbedingungen müssen dann auch berücksichtigt werden. Nach der Ausarbeitung der konkreten Schritte ist auch die Überprüfung auf die Grundbedürfnisse und Annäherungstendenzen wichtig, somit lohnt sich eine Wiederholungsschleife mit dem Schritt 1.

Ist mit der ausgewählten Vorgehensweise gesichert, dass die fehlenden Bedürfnisse wenigstens zum Teil befriedigt sein können? Ist es für die Beteiligten möglich, diese Ziele selbstständig zu erfüllen? Kann man die Ziele noch in Teilziele runterbrechen, um es noch realistischer darzustellen? Gibt es genügend Vertrauen zwischen mir und dem Mitarbeiter, sodass er wirklich zuversichtlich auf das positive Ergebnis ist? Nach dem Abschluss der Zielsetzung und der Auswahl der konkreten Methoden folgt im letzten Schritt die Umsetzung und die Evaluation.

Schritt 4: Umsetzung und Evaluation

Die Umsetzung der festgelegten Ziele kann mit oder ohne Begleitung erfolgen. Hierzu ist ein konkreter Maßnahmenplan sehr wichtig. Die Führungskraft sollte ganz genau einschätzen können, wie viel Unterstützung und Begleitung notwendig sind und in welcher Form man die Unterstützung leisten möchte. Das Bedürfnis nach Kontrolle der Mitarbeiter sollte hier noch mal in Betracht gezogen und die Unterstützungsmaßnahmen dementsprechend angepasst werden. Auf der anderen Seite ist auch das regelmäßige Treffen für eine Evaluation sehr wichtig. Hierzu ist auch entscheidend, wie oft solche evaluativen Meetings stattfinden sollten. In diesem Schritt sollte auch die Führungskraft die Selbstreflexionsprozesse anstoßen, um nicht nur die Zielerreichung, sondern auch den Umgang mit dem Mitarbeiter zu reflektieren. Evaluiert werden muss nicht nur das Ergebnis des sachlichen Ziels, sondern auch die emotionalen Ziele sollen betrachtet und evaluiert werden. Bei Bedarf sind dann dementsprechend Anpassungen zu vereinbaren.

Zusammenfassend ist das neuropsychologische Verhaltensmodell dafür da, um das Verhalten der Mitarbeiter zu analysieren und die emotionalen und psychologischen Bedürfnisse der Mitarbeiter in die sachliche Zielbildung miteinzubeziehen. Ziel ist es, dass bei jeder Problemlösung und Aufgabenstellung jetzt die Grundbedürfnisse der Mitarbeiter oder deren Defizite verstanden und mit der Aufgabenstellung behoben werden können. Somit ist an dieser Stelle ein achtsamer Umgang mit diesen Grundbedürfnissen zu verstehen, um den Mitarbeitern zu helfen, psychisches Wohlbefinden zu erreichen. Das Modell hilft bewusst auf die positiven Erfahrungen der Mitarbeiter zuzugreifen, um die Methodik für die vergangenen Erfolge in die aktuelle Situation miteinzubeziehen. Da jeder Mensch unterschiedliche Ausprägungen der Grundbedürfnisse hat, ist die Auswahl in der Methodik und der Art und Intensität der gegenseitigen Interaktionen von zentraler Bedeutung. Das Modell sollte den Führungskräften helfen die herausfordernden Situationen systematisch zu analysieren und berücksichtigt dabei viele Faktoren: Ausprägung der Bedürfnisse, Grad der Verletzung oder Beeinträchtigung dieser Bedürfnisse, aktuelle Befindlichkeit und Ressourcen der Mitarbeiter.

FAZIT

In diesem Buch wurden viele neurologische und psychologische Prozesse wie Aufbau und Funktion der Nervenzellen, Neurotransmitter und Hormone, Wahrnehmung, motivationale Schemata, Grundbedürfnisse und Persönlichkeit vorgestellt. Anhand dieser Erkenntnisse können die Führungskräfte ihre Mitarbeitenden besser verstehen und wirkungsvoller bei der Zielerreichung im Alltag begleiten. Im Management der Vertriebsorganisation geht es primär um den Umsatzgewinn, der in einer Organisation die Existenz der Mitarbeiter sichern kann. Die Mitarbeiter sind nicht nur an der Leistung des Beitrags für dieses Ziel interessiert, sondern streben auch nach psychischem und physischem Wohlbefinden. Wie die zahlreichen Studien zeigen, ist die Befriedigung der Grundbedürfnisse der Mitarbeiter ein Erfolgsfaktor, der zu mehr Zufriedenheit, Gesundheit und somit zu mehr Motivation und Leistung führt. Durch Komplexität, Mehrdeutigkeit, Informationsflut und kurzlebige Trends verändern sich die Arbeitsmodelle deutlich und somit auch die Führung. Die Führungskräfte agieren mehr als Unterstützer, Netzwerker und vor allem als Coach. Damit sich die Organisation in ein agiles und innovatives Unternehmen weiterentwickeln kann, müssen sich die Mitarbeiter wohl und uneingeschränkt fühlen. Es sollten in diesem Sinne mehr Freiräume für Entscheidungen mit einer offenen Feedback- und Fehlerkultur gewährt werden. Diese Aspekte schlagen die Brücke zur gehirngerechten Führung.

Bei der gehirngerechten Führung sollte man immer mit der Selbstführung anfangen. Die Selbstführung stellt die Basis der authentischen Führung dar. Der erste Schritt zur Selbstführung ist die Selbstwahrnehmung. Diese Wahrnehmung betrifft sowohl die Emotionen und eigenen Gefühle als auch die körperlichen Zeichen, die auch somatische Marker genannt werden. Das ist die Basis für die Selbstreflexion, in der man über das eigene Denken, Fühlen und Verhalten nachdenken kann und sich somit mit den eigenen Werten und Verhaltensmuster und Ansichten auseinandersetzt.

„Selbstführung garantiert kein „richtiges" Führungshandeln. Selbstführung heißt insofern erst einmal „nur" Bewusstheit, nicht per se gute, gleichgewichtige Führung. Aber es heißt eben „wirkliche" Bewusstheit, eine, die mir in solchen Ungleichgewichtssituationen auch ermöglicht, mein Handeln zu erklären und zum Beispiel den betroffenen Mitarbeitern nahezubringen. Ohne Selbstführung ist die Fähigkeit, gute Führung im Sinne der essenziellen Führungskompetenzen umzusetzen, nur eingeschränkt gegeben, da unbewusstes, automatisiertes, eingefahrenen Verhaltensmustern folgendes Handeln vorherrschen wird" (Schrör 2016, S. 60).

Im Mittelpunkt des menschlichen Daseins stehen die Emotionen. Die Qualität der Emotionen bestimmt die Qualität unseres Lebens. Sie geben uns die wichtigen Hinweise darüber, was unser Körper und die Psyche brauchen. Emotionen sind eng mit dem Belohnungssystem verbunden, für das vor allem Dopamin verantwortlich ist. Dies manifestiert sich zum Beispiel bei der laufenden Zielsetzung. Auf der anderen Seite manifestieren sich die Emotionen bei der Aktivierung des Stresssystems, das auf Cortisol und Adrenalin basiert. Es ist somit von zentraler Bedeutung, mit den Emotionen und neurologischen Prozessen auch im Berufsleben sinnvoll umzugehen, um die psychische Gesundheit zu stärken und Leistungsfähigkeit der Mitarbeiter zu verbessern. Auch bei wichtigen Entscheidungen sind die Emotionen zu beachten und diese sollten mit den rationalen Entscheidungen im Einklang stehen, um die kognitive Dissonanz zu vermeiden. Zudem sind auch die nachhaltigen Lernprozesse eng mit den Emotionen verbunden. Durch die Neuroplastizität des Gehirns ist das Lernen bis zum hohen Alter gut möglich.

Bei der gehirngerechten Führung geht es somit vor allem um die Haltung, die man als Führungskraft in den täglichen Interaktionen mit den Mitarbeitern annimmt. Im Zentrum dieser Ansätze steht die Beziehungsebene und der Fokus liegt auf der Beziehungsgestaltung. Wichtig ist die Erkenntnis, dass Menschen sowohl im Privatleben als auch im beruflichen Kontext komplexe und dynamische Einheiten bilden. Um das Verständnis für die menschliche Komplexität zu entwickeln, bedarf es erst mal der Selbsterkenntnis. Aus der Selbsterkenntnis ergibt sich eine Grundhaltung, die Empathie, Mitgefühl, Wertschätzung und effektives Zuhören ermöglicht. In der Wertschätzung geht es dabei nicht nur um die sichtbaren Handlungen, sondern mehr um die verdeckten, impliziten Handlungen, die manchmal als selbstverständlich angenommen werden. Die Mitarbeiter sollten auch im eigenen Selbstmanagement begleitet werden.

Wenn die Führung unter Berücksichtigung aller neurologischer und psychologischer Bedürfnisse der Mitarbeiter gelingt, kann die Organisation neue Formen der Lebensarbeitszeit entwickeln und von der Langfristigkeit im fachlichen Know-how und sozialen Bündnis profitieren. Diese Formen fördern die produktive Entwicklung der Menschen über die gesamte Lebenszeitspanne und tragen zur positiven Entwicklung unserer Wirtschaft und Gesellschaft bei.

LITERATURVERZEICHNIS

Allport, G. W. (1959). *Persönlichkeit, Struktur, Entwicklung und Erfassung der menschlichen Eigenart.* (2. Aufl). Meisenheim: Anton Hein.

Arnold, R. (2002). *Von der Bildung zur Kompetenzentwicklung Anmerkungen zu einem erwachsenenpädagogischen Perspektivwechsel.* In: E. Nuissl/Ch. Schiersmann/H. Siebert (Hrsg.) Literaturund forschungsreport weiterbildung. Nr. 49 Juni 2002, S. 26.ff.

Asendorpf, J. B. (2011). *Persönlichkeitspsychologie.* Heidelberg: Springer.

Backhaus, K., Budt, M., & Neun, H. (2011). *Strategisches Vertriebsmanagement.* In C. Homburg, &J.Wieseke (Hrsg.), Handbuch Vertriebsmanagement: Strategie – Führung – Informationsmanagement– CRM (S. 35–55). Wiesbaden.

Barrick, M.R., Mount, M.K. & Judge, T.A. (2001). *Personality and Performance at the Beginning of the New Millenium: What Do We Know and Where Do We Go Next?* International Journal of Selection and Assessment, 9 (1), 9-30.

Baumgarth, C., & Binckebanck, L. (2011). *Zusammenarbeit von Verkauf und Marketing – reloaded.* In L. Binckebanck (Hrsg.), Verkaufen nach der Krise (S. 43–60). Wiesbaden.

Baumgarth, C., & Binckebanck, L. (2011a). *Nachhaltige Markenimplementierung im B-to-BGeschäft.* Business + Innovation – Steinbeis Executive Magazin, 02, 20–26.

Becker, M. (2011). *Systematische Personalentwicklung. Planung, Steuerung und Kontrolle im Funktionszyklus.* Stuttgart: Schäffer-Poeschel.

Becker, M. (2013). *Personalentwicklung. Bildung, Förderung und Organisationsentwicklung in Theorie und Praxis.* Stuttgart: Schäffer-Poeschel.

Becker, T., & Knop, C. (2015). *Wo steht Deutschland beim Thema Digitalisierung?* In: T. Becker, & C. Knop (Hrsg.). Wiesbaden: Digitales Neuland, S. 1-22.

Belz, C., & Reinhold, M. (2012). *Internationaler Industrievertrieb.* In L. Binckebanck,&C. BelzWiesbaden (Hrsg.), Internationaler Vertrieb (S. 3–222).

Berger, R., & Markenverband (2010). *Vertriebsstudie 2011*. München.

Berking, M. (2015). *Training emotionaler Kompetenzen*. Springer, Heidelberg.

Bogg, T., & Roberts, B.W. (2004). *Conscientiousness and health-relates behaviors: A meta-analysis of the leading behavioral contributors to mortality*. Psychological Bulletin, 130(6), 887-919.

Borman, W.C., Penner, L.A., Allen, T.D., & Motowidlo, S.J. (2001). *Personality Predictors of Citizenship Performance*. International Journal of Selection and Assessment, 9, 52-69.

Bowlby, J. (1958). *Über das Wesen der Mutter-Kind-Bindung*. Psyche 13, S. 415 456.

Brandstätter, V. (2009). *Handbuch der Allgemeinen Psychologie. Motivation und Emotion*. Göttingen: Hogrefe.

Bruch, H., & Berenbold, S. (2016). *Zurück zum Kern. Sinnstiftende Führung in der Arbeitswelt 4.0. Organisationsentwicklung*: Nr. 1 |2017, S. 4–11.

Bughin, J., Hazan E., Lund, S., Dahlström P., Wiesinger, A., & Subramaniam, A. (2018). *Skill Shift: Automation and the Future of the Workforce*. McKinsey & Company.

Burch, G.St.J. & Anderson, N. (2009). *Personality at Work* (S. 748-763). In P.J. Corr & G. Matthews (Hrsg.), The Cambridge Handbook of Personality Psychology. Cambridge: Cambridge University Press.

Cacioppo, J., & Patrick, B. (2009). *Loneliness: human nature and the need for social connection*. New York: Norton; Reprint Edition.

Carney, D.R., Cuddy, A., & Yap, A.J. (2010). *Brief nonverbal displays affect neuroendocrine levels and risk tolerance*. Psychol Sci 21:1363–1368.

Chamorro-Premuzic, T., & Furnham, A. (2003). *Personality and Music: Can traits explain how people use music in everyday life?* British Journal of Psychology, 98(Pt 2) (May 2007): pp. 175-185.

Ciesielski, M., & Schutz, T. (2016). *Digitale Führung*. Heidelberg: Springer Gabler.

Csíkszentmihály, M. (1995). *Flow. Das Geheimnis des Glücks*. 4. Auflage. Klett Cotta, Stuttgart 1995, ISBN 3-608-95783-9.

DAK (2019). *Psychoreport: dreimal mehr Fehltage als 1997.* Langzeit-Analyse zeigt: Krankmeldungen wegen Depressionen am häufigsten. Abgerufen am 14.05.2021 vom https://www.dak.de/dak/bundesthemen/dak-psychoreport-2019-dreimal-mehr-fehltage-als-1997-2125486.html#/

Damasio, A.R. (2005) Der Spinoza-Effekt. Wie Gefühle unser Leben bestimmen. Ullstein, Berlin.

Dannenberg, H., & Zupancic, D. (2008). *Spitzenleistungen im Vertrieb – Optimierungen im Vertrieb und Kundenmanagement.* Wiesbaden.

DDI (2011). *Global Leadership Forecast.* Zitiert aus: Doerfler, W.: Ernüchternde Ergebnisse, in: Personalmagazin, 9/2011, S. 30–32.

Deeter-Schmelz, D. R., Goebel, D. J., & Kennedy, K. N. (2008). *What are the characteristics of an effective sales manager?* An exploratory study comparing salesperson and sales manager perspectives. Journal of Personal Selling & Sales Management, 28(1), 7–20.

DeNisi, A. S., & Murphy, K. R. (2017). Performance appraisal and performance management: 100 years of progress? Journal of Applied Psychology, 102(3), 421–433.

DGB Bundesvorstand (2021). *Ungleichheit in Zeiten von Corona Abteilung Wirtschafts-, Finanz- und Steuerpolitik.* Januar 2021. Abgerufen am 16.05.2021 vom https://www.dgb.de/++co++37f4eb9a-5bc3-11eb-ac48-001a4a160123/DGB_Verteilungsbericht%202021.pdf

Dietz, U. (2016). *Die Entdeckung des Neuen.* In Ch. Bär, A. Fischer & H. Gulden (Hrsg.). Informationstechnologien als Wegbereiter für den steuerberatenden Berufsstand. Berlin Heidelberg: Springer Gabler. S. 19-26.

Dixon, A. L., & Tanner Jr., J. F. (2012). *Transforming selling: Why it is time to think differently about sales research.* Journal of Personal Selling & Sales Management, 32(1), 9–13.

Donny, E., Bigelow, G., & Walsh, S. (2006). *Comparing the physiological and subjective effects of self-administered vs yoked cocaine in humans.* Psychopharmacology. Vol: 186.

Dörr, S., Albo, P., & Monastiridis, B. (2018). *Digital Leadership – erfolgreich führen in der digitalen Welt.* In S. Grote & R.

Dulebohn, J., Bommer, W. H., Liden, R. C., & Brouer, R. L. (2012). *A Meta-Analysis of Antecedents and Consequences of Leader-Member Exchange Integrating the Past with an Eye Toward the Future.* Journal of Management, 38(6), 1715–1759.

Elger, C. (2013). *Neuroleadership. Erkenntnisse der Hirnforschung für die Führung von Mitarbeitern.* (2. Aufl.) Freiburg: Haufe Verlag.

Evans, K. R., McFarland, R.G., Dietz, B., & Jaramillo, F. (2012). *Advancing sales performance research: Afocus on five underresearched topic areas.* Journal of Personal Selling&SalesManagement, 32(1), 89–105.

Eysenck, H. J. & Eysenck, M. W. (1987). *Persönlichkeit und Individualität: ein naturwissenschaftliches Paradigma.* München: Psychologie Verlag Union.

Felfe, J., & Six, B. (2006). *Die Relation von Arbeitszufriedenheit und Commitment.* In: L. Fischer, Arbeitszufriedenheit (S. 37-60). Göttingen: Hochgrefe.

Fineberg, S.K., & Ross, A.D. (2017). *Oxytocin and the Social Brain.* Biological Psychiatry: Feb 1; 81(3): e19 e21.

Fischer, J.A.V., & Sousa-Poza, A. (2008). *Does job satisfaction improve the health of workers?* New evidence using panel data and objective measures of health. Health Economics. Vol. 18, Issue 1.

Foote, D. A., & Tang, T. L-P. (2008). *Job satisfaction and organizational citizenship behavior* (OCB): Does team commitment make a difference in self-directed teams? Management Decision, 46(6), 933–947.

Förster, A. (2012). *Glückstankstellen: So aktivieren Sie Ihre Wohlfühlhormone.* München: Heyne.

Franken, U. (2004). *Emotionale Kompetenz. Eine Basis für Gesundheit und Gesundheitsförderung.* Dissertation Universität Bielefeld. (Stangl, 2021).

Gallup (2013). *State of the Global Workplace. Employee Engagement Insights for Business Leaders World Wide.* Abgerufen am 19.07.2020 von https://nicolascordier.files.wordpress.com/2014/04/gallup-worldwide-report-on-engagement-2013.pdf.

Gleich, M. (2011). *Führungskräfteentwicklung in ausgewählten Unternehmen der Wirtschaft. Anspruch und Wirklichkeit.* Dissertation. Hamburg: Helmut-Schmidt-Universität.

Goyk, eds. (Hrsg.) *Führungsinstrumente aus dem Silicon Valley. Konzepte und Kompetenzen.* Springer, Berlin: Springer, Gabler: S 38–59.

Grawe, K. (2004). *Neuropsychotherapie.* Hogrefe, Göttingen.

Grote, S., & Goyk, R. (2018). *Führungsinstrumente aus dem Silicon Valley.* Konzepte und Kompetenzen. Berlin: Springer, Gabler.

Haarhaus, B. (2019). *Kurzfragebogen zur Erfassung Allgemeiner und Facettenspezifischer Arbeitszufriedenheit* (KAFA). Abgerufen am 01.10.2020 von http://arbeitszufriedenheit.net/.

Haarhaus, B. (2017). *Job Satisfaction in Teams. A multi-level theory of emergence and consequences.* Dissertation. Chemnitz: TU Chemnitz.

Haarhaus, B. (2015). *Entwicklung und Validierung eines Kurzfragebogens zur Erfassung von allgemeiner und facettenspezifischer Arbeitszufriedenheit.* Göttingen: Hogrefe Verlag, Diagnostica.

Haas, A. (2011). Misserfolgsfaktor Vertriebsmythen – Kundenorientierung durch den Vertrieb. Marketing Review St. Gallen, 28(1), 14–19.

Haas, A., &Köhler, R. (2011). *Vertriebsorganisation.* In: C.Homburg, & J.Wieseke (Hrsg.), Handbuch Vertriebsmanagement (S.209–243). Wiesbaden.

Haas, A., Krohmer, H., & Weispfenning, F. (2009). *Sales Leadership Effectiveness: Meta-Analysis and Assessment of Causal Effects.* In: Proceedings of the 2009 AMA Winter Marketing.

Hammerschmidt, M., & Staat,M. (2010). *Effizienzbewertung von Vertriebsstrukturen.* Die Betriebswirtschaft, 70(1), 43–61.

Hanser, H. (2005). *Lexikon der Neurowissenschaft.* (3. Aufl.) Heidelberg: Spektrum akademischer Verlag.

Hauser, J. (2004). *Vom Sinn des Leidens: Die Bedeutung systemtheoretischer, existenzphilosophischer und religiös spiritueller Anschauungsweisen für die therapeutische Praxis.* Würzburg: Königshausen & Neumann.

Heckhausen, J. Heckhausen, H. (2018): *Motivation und Handeln.* 5. Auflage. Berlin: Springer Gabler.

Hersey, P., & Blanchard, K.H. (1988). *The Management of organizational Behavior.* (5. Aufl.) New Jersey: Prentice Hall S.169-171. Abgerufen am 10.12.2020 von https://ess220.files.wordpress.com/2008/02/hersey-blanchard-1988.pdf.

Hochschild, A. (1990). *Das gekaufte Herz. Zur Kommerzialisierung der Gefühle.* Frankfurt/M.: Campus

Homburg, C., Schäfer, H., & Schneider, J. (2010). *Sales Excellence - Vertriebsmanagement mit System* (6. Aufl.). Wiesbaden.

Huber, K. (2014). *Zusammenhänge zwischen Persönlichkeit, Stresserleben und Gesundheitsverhalten - eine empirische Studie mit Studierenden.* [WWW-Dokument, entnommen am 10. Februar 2016]. URL http://www.drsatow.de/tests/2014_Persoenlichkeit_Stresserleben_Gesundheitsverhalten_Huber.pdf.

Hunter, G.K., & Perreault, W.D. (2007). *Making sales technology effective.* Journal of Marketing, 71(1), 16–34.

Hurtz, M., & Donovan, J.J. (2000). *Personality and job performance: The Big Five revisited.* Journal of Applied Psychology, Vol. 85(6) (December 2000): pp. 869-879.

Hüther, G. (2009). *Wie gehirngerechte Führung funktioniert – Neurobiologie für Manager.* Manager Seminare, 130, S. 30-34.

Jerusalem, M., Schwarzer, R. (1999). *Skala Allgemeine Selbstwirksamkeit.* http://userpage.fuberlin.de/gesund/skalen/Allgemeine_Selbstwirksamkeit/allgemeine_selbstwirksamkeit.htm. Zugegriffen: 17. Juli 2018.

Johnston, M.W., &Marshall, G.W. (2009). *Churchill/Ford/Walker's Sales Force Management* (9.Aufl.). New York.

Judge, T. A., Heller, D. & Mount, M.K. (2002). *Five-Factor Model of Personality and Job Satisfaction: A Meta-Analysis.* Journal of Applied Psychology, Vol. 87(3) (June 2002): pp. 530-541.

Judge, T.A., Heller, D. Klinger, R. (2008). *The Dispositional Sources of Job Satisfaction: A Comparative Test.* Applied Psychology. 57(3), 361–372.

Judge, T. A., Bono, J. E., & Locke, E. A. (2000). *Personality and Job Satisfaction: The*

Mediating Role of Job Characteristics. Journal of Applied Psychology, 85(2):237-249.

Judge, T. A. & Bono, J. E. (2001). *Relationship of core self-evaluations traits—self esteem generalized self-efficacy, locus of control, and emotional stability—with job satisfaction and job performance*: A meta-analysis. Journal of Applied Psychology, 86(1), 80–92.

Judge, T. A., Scott, B. A., & Illies, R. (2006). *Hostility, Job Attitudes, and Workplace Deviance: Test of a Multilevel Model.* Journal of Applied Psychology, 91(1), 126–138.

Kampkötter, P., Sliwka, D. Butschek, S., Petters, L., & Grunau, P. (2018). *Variable Vergütungssysteme. Aktuelle Ergebnisse einer Betriebs- und Beschäftigtenbefragung*. Berlin: Bundesministerium für Arbeit und Soziales.

Kauffeld, S. (2019). *Arbeits-, Organisations- und Personalpsychologie für Bachelor.* Berlin: Springer.

Kegel, J. (2013). *Erfolgreich Menschen führen.* Norderstedt: Books On Demand.

Klein, E., Willmes, K., Bieck, S.M., & Moeller, K. (2018). *White matter neuro plasticity in mental arithmetic: changes in hippocampal connectivity following arithmetic drill training.* Cortex: 7 https://doi. org/10.1016/j.cortex.2018.05.017

Kleine, B., Rossmanith, W.G. (2021). *Hormone und Hormonsystem.* 4. Auflage. Springer Spektrum. Berlin.

Kotler, P., Keller, K. L., & Bliemel, F. (2007). *Marketing-Management – Strategien für wertschaffendes Handeln* (12. Aufl.). München.

Kovaleva, A., Beierlein, C., Kemper, C.J., & Rammstede, B. (2012). *Eine Kurzskala zur Messung von Kontrollüberzeugung: Die Skala Internale-Externale-Kontrollüberzeugung-4* (IE-4). Working Paper 19, Gesis Leibniz- Institut für Sozialwissenschaften, Leibniz.

Krampe, D. (2014). *Selbstwert als kritische Variable des Unternehmenserfolges.* Eine empirische Analyse imRahmen des Neuroleadership-Gedankens. Springer Gabler, Berlin.

LaForge, R.W., Ingram, T.N., & Cravens, D.W. (2009). *Strategic alignment for sales organization transformation.* Journal of Strategic Marketing, 17(3/4), 199–219.

Lane, N., & Piercy, N. (2009). *Strategizing the sales organization.* Journal of Strategic Marketing, 17(3/4), 307–322.

LeDoux, J. E. (1996). *The emotional brain: The mysterious underpinnings of emotional life.* New York: Simon & Schuster.

Leger, K.A., Charles, S.T. Turiano, N.A. & Almeida, D.M. (2016). *Personality and Stressor-Related Affect.* Journal of Personality and Social Psychology.

Lehmann-Willenbrock, N., & Kauffeld, S. (2010). *Development and Construct Validation of the German Workplace Trust Survey* (G-WTS). European Journal of Psychological Assessment 26, pp. 3-10.

Litzcke, S. (2003). *Psychologische Verfahren der Personalauswahl.* Brühl: FH Bund. Abgerufen am 01.06.2021 von: http://serwiss.bib.hshannover.de/frontdoor/index/index/docId/10.

Litzcke, S. (2013). *Persönlichkeit und Führung –Das 5-Faktoren-Modell* (S. 41-62). In: K. Häring & S. Litzcke (Hrsg.), Führungskompetenzen Lernen. Eignung, Entwicklung, Aufstieg.Stuttgart: Schäffer-Poeschel.

Lord, W. (2007). *Das NEO-Persönlichkeitsinventar in der berufsbezogenen Anwendung.* Interpretation und Feedback. Göttingen: Hogrefe.

Mai, C., Frey, R-V., Büttgen, M. & Hülsbeck, M. (2015). *Persönlichkeitsprototyp der DAX 30 Vorstandsvorsitzenden: Eine empirische Analyse mittels Attribution anhand des NEO-Fünf-Faktoren-Inventars.* Schmalenbachs Zeitschrift für betriebswirtschaftliche Forschung, 67 (1), 4-34.

Maslach, C., Schaufeli, W.B. & Leiter, M.P. (2001). *Job Burnout.* Annu Rev Psychol 52(1):397–422.

Marmot, M. (2014). *Status Syndrome: How Your Place on the Social Gradient Directly Affects Your Health.* London: Bloomsbury.

Marshall, G.W., Moncrief, W. C., & Lassk, F.G. (1999). *The current state of sales force activities.* Industrial Marketing Management, 28(1), 87–98.

Mayring, P. (2010). *Qualitative Inhaltsanalyse.* In G. Mey & K. Mruck (Hrsg.), Handbuch qualitative Forschung in der Psychologie. Wiesbaden: VS Verlag für Sozialwissenschaften. S. 601- 613.

Meier, N. (2010). *Verhaltenstrainings in der Personalentwicklung.* In R. Bröckermann & M. Müller -Vorbrüggen (Hg.): Handbuch Personalentwicklung. Die Praxis der Personalbildung, Personalförderung und Arbeitsstrukturierung. Stuttgart: Schäffer-Poeschel, S. 465–483.

Meissburger, M. (2018). *Arbeitszufriedenheit an geschützten Arbeitsplätzen. Eine quantitative Untersuchung psychisch beeinträchtigter Menschen im Kanton Basel-Stadt.* Olten: Fachhochschule Nordwestschweiz FHNW.

Mertel, B. (2006). *Arbeitszufriedenheit - Eine empirische Studie zu Diagnose, Erfassung und Modifikation in einem führenden Unternehmen des Automotives.* Dissertation Bamberg, Univ.

Meyer, B., & Schermuly, C. (2011). The psychological empowerment of vice-principals, its antecedents, and itseffects on job satisfaction and burn-out. International Journal of Educational, 252-264.

Miller Heiman Group (2009). *Growth Strategies for Sales Leaders in Complex Selling Environments.* Executive Summary of the 2009 Miller Heiman Sales Best Practice Study. Abgerufen am 30.05.2021 von https://www.spkare.com/belgeler/2009_Miller_Heiman_Sales_Best_Practice_Study_ExecSummary.pdf

Mitchell, J., Macrae, C., & Banaji, M. (2006). Dissociable Medial Prefrontal Contribution to Judgements of Similar and Dissimilar Others. Neuron, Vol. 50.

Munafo, M., Zetteler, J. & Clark, T. (2007). *Personality and smoking status: A meta analysis.* Nicotine & Tobacco Research, 9(3), 405-405.

Müller, M. (2020). *Corona-Krise und Fachkräftemangel bremsen das Wachstum.* KfW Research Fokus Volkswirtschaft. Abgerufen am 18.12.2020 von https://www.kfw.de/PDF/Download-Center/Konzernthemen/Research/PDF-Dokumente-Fokus-Volkswirtschaft/Fokus-2020/Fokus-Nr.-293-Juni-2020-Corona-Krise-und-Fachkraeftemangel.pdf.

Nink, M. (2018). *Gallup Engagement Index 2018. DACH.* Berlin: Gallup GmbH. Abgerufen am 15.12.2020 von https://www.das-felix-prinzip.com/Gallup%20Engagement%20Index%202018.pdf.

Oswald, A.J., Proto, E., & Sgroi, D. (2015). *Happiness and productivity.* Journal of labor Economics, 33 (4). Pp. 789-822.

Pervin, L. A., Cervone, D. & John, O. P. (2005). *Persönlichkeitstheorien.* Mit 33 Tabellen. (5. Aufl.). München, Basel: Reinhardt-Verlag.

Peseschkian, N., Peseschkian, N. & Peseschkian, H. (2009). *Lebensfreude statt Stress.* Stuttgart: Trias.

Peters, T., & Ghadiri, A. (2013). *Neuroleadership – Grundlagen, Konzepte, Beispiele: Erkenntnisse der Neurowissenschaften für die Mitarbeiterführung.* (2. Aufl.). Wiesbaden: Springer Gabler.

Purps-Pardigol, S. (2015). *Führen mit Hirn. Mitarbeiter begeistern und Unternehmenserfolg steigern.* Frankfurt a. M.: Campus Verlag.

Pillay, S.S. (2011). *Your Brain and Business – The Neuroscience of Great Leaders.* Upper Saddle River: Pearson.

Rastetter, D. (2008). *Zum Lächeln verpflichtet. Emotionsarbeit im Dienstleistungsbereich.* Frankfurt/M.: Campus.

Reinhardt, R. (2014). *Neuroleadership – empirische Überprüfung und Nutzenpotentiale für die Praxis.* Oldenburg: Wissenschaftsverlag GmbH.

Ringelb, A. H., Rock, D., & Ancona, C. (2012). *Neuroleadership in 2011 and 2012.* Neuroleadership Journal, Issue 4.

Rock, D., & Schwartz, J. (2006). *The neuroscience of leadership. Breakthroughs in brain research explain how to make organizational transformation succeed.* Strategy + Business. Published by PwC Strategy& LLC. Issue 43.

Rock, D. (2008). *SCARF: a brain-based model for collaborating with and influencing others.* Neuroleadership Journal, Issue 1.

Rock, D. (2009). *Managing with the Brain in Mind.* Strategy+business. Vol. 43, Issue 56.

Rock, D., & Page, L.J. (2009). *Coaching With the Brain in Mind: Foundations for Practice.* New Jersey: Wiley.

Rock, D., & Cox, C. (2012). *SCRAF in 2012: updating the social neuroscience of collaboration with others.* Neuroleadership Journal. Issue 4.

Roth, G. (2010). *Verstand oder Gefühl – wem sollen wir folgen? In Kopf oder Bauch?* S 15–27.

Rouziès, D., Anderson, E., Kohli, A.K., Michaels, R. E., Weitz, B. A., & Zoltners, A.A. (2005). *Sales and marketing integration: A proposed framework.* Journal of Personal Selling & Sales Management, 25(2), 113–122.

Russell, S. S., Spitzmüller, C., Lin, L. F., Stanton, J. M., Smith, P. C., & Ironson, G. H. (2004). *Shorter can Also be Better: The Abridged Job in General Scale. Educational and Psychological Measurement,* 64(5), 878–893.

Rudolph, U. (2013). *Motivationspsychologie* (3. Aufl.). Weinheim, Basel, Berlin: Beltz.

Sachser, N. (2004). *Neugier, Spiel und Lernen: Verhaltensbiologische Anmerkungen zur Kindheit Zeitschrift für Pädagogik 50* (2004) 4, S. 475-486

Satow, L. (2012). *Stress- und Coping-Inventar (SCI): Test- und Skalendokumentation.* Abgerufen am 25.05.2021 von http://www.drsatow.de.

Schmalt, H.D. & Langens, T. A. (2009). *Motivation* (4. Aufl.). Pädagogische Psychologie. Stuttgart: Kohlhammer.

Schmidt, K.H. (2006). *Beziehung zwischen Arbeitszufriedenheit und Arbeitsleistung: Neue Entwicklungen und Perspektiven.* In L. Fischer (Hrsg.), Arbeitszufriedenheit Konzepte und empirische Befunde (S.189-204). 2 Auflage. Göttingen: Hogrefe.

Schneider, T. R., Rench, T. A., Lyons, J. B. & Riffle, R. R. (2012). *The influence of neuroticism, extraversion and openness on stress responses. Stress and health.* Journal of the International Society for the Investigation of Stress, 28(2), 102–110.

Schrör, T. (2016). *Führungskompetenz durch achtsame Selbstwahrnehmung und Selbstführung. Eine Anleitung für die Praxis.* Springer Gabler, Wiesbaden.

Schwartz, J., Giato, P., & Lennick, D. (2011). *That's the Way We (Used to) Do Things Around here.* Strategy+business, 62,1-10.

Schwarzmüller, T., Brosi, P., & Welpe, I. (2015). *Führung im digitalen Zeitalter.* In T. Becker, & C. Knop (Hrsg.). Digitales Neuland, Wiesbaden, S. 155-166.

Sellin, I. (2003). *Varianten der Selbstwertschätzung und Hilfesuche.* Dissertation. Technischen Universität, Chemnitz.

Shirom, A., Toker, S., Alkaly, Y., Jacobson, O., & Balicer, R. (2011). *Work-based predictors of mortality: A 20 years follow-up of healthy employees.* Health Psychol. Vol. 30, No. 3.

Simon, W. (Hrsg.) (2010). *Persönlichkeitsmodelle und Persönlichkeitstests.* 15 Persönlichkeitsmodelle für Personalauswahl, Persönlichkeitsentwicklung, Training und Coaching (2. Aufl.). Offenbach: GABAL-Verlag.

State of Sales report (2017). *Die Vertriebslandschaft in Deutschland* Abgefufen am 25.05.2021 von https://www.salesforce.com/form/pdf/state-of-sales-3rd-edition/.

Stangl, W. (2021a). *Wahrnehmung.* Online Lexikon für Psychologie und Pädagogik. Abgerufen am 15.05.2021 von https://lexikon.stangl.eu/4674/wahrnehmung.

Stangl, W. (2021b). *Emotion.* Online Lexikon für Psychologie und Pädagogik. Abgerufen am 15.05.2021 von https://lexikon.stangl.eu/1058/emotion.

Stark, H., Bischof, A., Wagner, T. & Scheich, H. (2000). *Stages of avoidance strategy formation in gerbils are correlated with dopaminergic transmission activity.* Eur J Pharmacol 405: 263-275.

Stoffel, M. (2016). *Leadership 4.0 – Unternehmen brauchen ein neues „Betriebssystem".* In C. von Au (Hrsg) Wirksame und nachhaltige Führungsansätze. System, Beziehung, Haltung und Individualität. Springer, Wiesbaden, S 205–222.

Strack, F., Martin. L.L., Stepper, S. (1988). *Inhibiting and facilitating conditions of the human smile: a nonobtrusive test of the facial feedback hypothesis.* PubMed 54(5):768–777.

Sutton, R. I. (1991). *Maintaining norms about expressed emotions: The case of bill collectors.* Administrative Science Quarterly, 36, 245-268.

Swickert, R.J., Rosentreter, S.J., Hittner, J.B. & Mushrush, J.E. (2002). *Extraversion, social support processes, and stress.* Personality and Individual Differences, 32(5), 877-891.

Tabibnia, G., & Lieberman, M. (2007). *Fairness and Cooperation Are Rewarding – Evidence from Social Cognitive Neuroscience.* Annals of the New York Academy of Sciences. Vol. 118.

Tegtmeier, C. & Tegtmeier, M. A. (2013). *Wie Stress im Beruf krank macht und wie Sie sich schützen* (1. Aufl.). Regensburg: Walhalla und Praetoria.

Törnroos, M. et al. (2013). *Associations between five-factor model traits and perceived job strain: a population-based study.* Journal of occupational health psychology, 18(4), 492–500.

Treue, S. (2015). *Aufmerksamkeit. Wie sehen wir die Welt.* Das Gehirn. Info. 7. Abgerufen am 15.05.2021 von https://www.dasgehirn.info/entdecken/grosse-fragen/wie-sehen-wir-die-welt.

Universitätsklinikum Carl Gustav Carus (2021). Synapse. Abgerufen von https://gesundheitslexikon.uniklinikum-dresden.de/lexikon/synapse am 21.08.2021.

van Vianen, A., Klehe, U-Ch., Koen J., & Dries, N. (2012). *Career adapt-abilities scale - Netherlands form: Psychometric properties and relationships to ability, personality, and regulatory focus.* Journal of Vocational Behavior, Vol. 80(3) (June 2012): pp. 716-724.

Vargo, S. L., & Lusch, R. F. (2004). *Evolving to a new dominant logic for marketing.* Journal of Marketing, 68(1), 1–17.

von Rosenstiel, L. (2015). *Motivation im Betrieb: Mit Fallstudien aus der Praxis.* (11.Aufl.). Wiesbaden: Springer-Gabler.

Whiler, A., Meurs, J.A., Momm, T.D., John, J., & Blickle, G. (2017). *Conscientiousness, Extraversion, and Field Sales Performance: Combining Narrow Personality, Social Skill, Emotional Stability, and Nonlinearity.* Personality and Individual Differences, 104, 291-296.

Winkelmann, P. (2012). *Vertriebskonzeption und Vertriebssteuerung – Die Instrumente des integrierten Kundenmanagements – CRM* (5. Aufl.). München.

Wolf, C. (2015). *Dynamische Teamarbeit. Wissenschaftlicher Artikel – Grundlagen, Netzwerke.* Das Gehirn. Info. 7. Abgerufen am 14.05.2021 von https://www.dasgehirn.info/grundlagen/netzwerke/dynamische-teamarbeit.

Wolff, P. (2008). *Psychologie: Warum wir gewalttätig werden.* Spiegel Abgerufen am 20.05.2021 von http://www.spiegel.de/wissenschaft/mensch/psychologie-warum-wir-gewalttaetig-werden-a-579665.html.

Xiaoyuan, C., Zhentao, M., Yuan L., & Jing H. (2015). *Agreeableness, Extraversion, Stressor and Physiological Stress Response.* International Journal of Social Science Studies, 3(4), 79-86.

Ybema, J. F., Smulders, P. G. W., & Bongers, P. M. (2010). *Antecedents and consequences of employee absenteeism: A longitudinal perspective on the role of job satisfaction and burnout.* European Journal of Work and Organizational Psychology, 19(1), 102–124.

Yukl G., & Gardner W.L. (2019). *Leadership in organisations.* (9. Aufl.) New York: Pearson Education.

Zelano, Ch., Jiang, H., Zhou, G., Arora, N., Schuele, S., Rosenow, J. & Gottfried, J.A. (2016). *Nasal Respiration Entrains Human Limbic Oscillations and Modulates Cognitive Function.* Journal of Neuroscience 7 December 2016, 36 (49) 12448-12467; Abgerufen am 18.05.2021 von https://doi.org/10.1523/JNEUROSCI.2586-16.2016.

Zellars, K.L. & Perrewé, P.L. (2002). *Affective Personality and the content of emotional social support: coping in organizations.* Journal of Applied Psychology, 86 (3), 459-467.

Zimbardo, P.G. (2004). *A situationist perspective on the psychology of evil: Understanding how good people are transformed into perpetrators.* In A. Miller (ed.), The Social Psychology of Good and Evil. New York: Guilford.